U0879980

CHOUSHUI XUNENG DIANZHAN TONGYONG SHEJI

抽水蓄能电站通用设计

装饰设计分册

国网新源控股有限公司　组编

中国电力出版社
CHINA ELECTRIC POWER PRESS

内容提要

为进一步提升抽水蓄能电站标准化建设水平，深入总结工程建设管理经验，提高工程建设质量和管理效益，国网新源控股有限公司组织有关研究机构、设计单位和专家，在充分调研、精心设计、反复论证的基础上，编制完成了《抽水蓄能电站通用设计》系列丛书，本丛书共5个分册。

本书为《装饰设计分册》，主要内容有4章，分别为概述、生产区、办公区、生活区等内容。

本丛书适合抽水蓄能电站设计、建设、运维等有关技术人员阅读使用，其他相关人员可供参考。

图书在版编目（CIP）数据

抽水蓄能电站通用设计. 装饰设计分册 / 国网新源控股有限公司组编. —北京：中国电力出版社，2020.7
ISBN 978-7-5198-4107-2

Ⅰ. ①抽…　Ⅱ. ①国…　Ⅲ. ①抽水蓄能水电站—装饰设计　Ⅳ. ① TV743

中国版本图书馆 CIP 数据核字（2020）第 006288 号

出版发行：中国电力出版社
地　　址：北京市东城区北京站西街 19 号
邮政编码：100005
网　　址：http://www.cepp.sgcc.com.cn
责任编辑：孙建英（010-63412369）　董艳荣
责任校对：黄　蓓　于　维
装帧设计：赵姗姗
责任印制：吴　迪

印　　刷：三河市航远印刷有限公司
版　　次：2020 年 7 月第一版
印　　次：2020 年 7 月北京第一次印刷
开　　本：787 毫米 ×1092 毫米　横 16 开本
印　　张：4.5
字　　数：141 千字
印　　数：0001—1000 册
定　　价：70.00 元

编　委　会

前　　言

抽水蓄能电站运行灵活、反应快速，是电力系统中具有调峰、填谷、调频、调相、备用和黑启动等多种功能的特殊电源，是目前最具经济性的大规模储能设施。随着我国经济社会的发展，电力系统规模不断扩大，用电负荷和峰谷差持续加大，电力用户对供电质量要求不断提高，随机性、间歇性新能源大规模开发，对抽水蓄能电站发展提出了更高要求。2014 年国家发展改革委下发“关于促进抽水蓄能电站健康有序发展有关问题的意见”，确定“到 2025 年，全国抽水蓄能电站总装机容量达到约 1 亿 kW，占全国电力总装机的比重达到 4%左右”的发展目标。

抽水蓄能电站建设规模持续扩大，大力研究和推广抽水蓄能电站标准化设计，是适应抽水蓄能电站快速发展的客观需要。国网新源控股有限公司作为全球最大的调峰调频专业运营公司，承担着保障电网安全、稳定、经济、清洁运行的基本使命，经过多年的工程建设实践，积累了丰富的抽水蓄能电站建设管理经验。为进一步提升抽水蓄能电站标准化建设水平，深入总结工程建设管理经验，提高工程建设质量和管理效益，国网新源控股有限公司组织有关研究机构、设计单位和专家，在充分调研、精心设计、反复论证的基础上，编制完成了《抽水蓄能电站通用设计》系列丛书，包括上下水库区域地表工程、地下洞室群通风系统、物防和技防设施配置、装饰设计、装饰材料五个分册。

本通用设计坚持“安全可靠、技术先进、保护环境、投资合理、标准统一、运行高效”的设计原则，追求统一性与可靠性、先进性、经济性、适应性和灵活性的协调统一。该书凝聚了抽水蓄能行业诸多专家和广大工程技术人员的心血和智慧，是公司推行抽水蓄能电站标准化建设的又一重要成果。希望本书的出版和应用，能有力促进和提升我国抽水蓄能电站建设发展，为保障电力供应、服务经济社会发展做出积极的贡献。

由于编者水平有限，不妥之处在所难免，敬请读者批评指正。

编者

2020 年 3 月

目　录

第 1 章　概　　述

1.1　主要内容

抽水蓄能电站通用设计标准化是国家电网有限公司标准化建设成果的有机组成部分，是国网新源控股有限公司（简称国网新源公司）为适应抽水蓄能电站跨区域化发展的需求、满足电站建设开发与生态环境保护、促进抽水蓄能电站和谐建设、迅速提升抽水蓄能电站企业形象的新举措。通用设计标准化将进一步强化国网新源公司抽水蓄能电站工程设计管理，改进抽水蓄能电站设计理念、方法，促进技术创新，逐步推行标准化设计及典型设计，深入贯彻全寿命周期设计理念，全面提高工程设计质量。

根据国网新源公司《抽水蓄能电站通用设备、通用设计工作部署会会议纪要》的要求，开展通用设备、通用设计工作，其中《抽水蓄能电站通用设计　装饰设计分册》主要内容分为 3 部分，具体如下：

1. 生产区

（1）地下洞室群：包括主厂房及主副厂房、主变压器洞及变压器副厂房、进厂交通洞及通风兼安全洞、其他附属洞室（母线洞、尾闸洞等）。

（2）500kV 开关站：包括气体绝缘全封闭组合电器室（GIS 室），继保楼。

（3）辅助管理用房：包括闸门启闭机室，配电房，上、下水库管理用房，水工监测数据采集用房。

（4）消防站、仓储（封闭仓库、恒温恒湿库）。

2. 办公区

办公区主要包括办公楼、中控楼。

3. 生活区

生活区主要包括食堂、公寓、接待中心、文体中心、门卫。

1.2　编制原则

遵循国家电网有限公司“资源节约型、环境友好型、工业化”变电站建设的原则，设计体现功能性、适用性、经济性、通用性，并与电站工作环境相融合。同时遵循国家电网有限公司标准化建设的相关规定、国网新源公司抽水蓄能电站通用设计工作的相关要求开展设计。

1.3　工作组织

为了加强组织协调工作，成立了抽水蓄能电站装饰设计通用设计的工作组、编制组和专家组，分别开展相关工作。

工作组以国家电网有限公司基建部为组长单位，国网新源公司为副组长单位，编写单位为成员单位，主要负责通用设计总体工作方案策划、组织、指导和协调通用设计研究编制工作。

本分册由中国电建集团华东勘测设计研究院有限公司（简称华东院）负责设计与编制。

1.4　编制过程

2016 年 1 月，国网新源公司对抽水蓄能电站通用设计进行招标，中国电建集团华东勘测设计研究院有限公司中标承担装饰设计分册的设计工作。

2016 年 4 月 10 日，完成初步设计框架，明确调研范围及收资明细。

2016 年 4 月 31 日，完成调研收资及设计细部范围明确。

2016 年 7 月 31 日，完成调研及资料收集，提交装修设计分册初步成果及图册。

2016 年 8 月 31 日，国网新源公司组织专家对通用设计分册成果进行了评审，提出了评审意见。

2016 年 9 月 30 日，根据国网新源公司组织专家对装饰设计分册成果进行评审，提出了评审意见。根据审查意见进行修订完善。

2016 年 10 月 31 日，按照评审意见的要求，完成装饰设计分册最终成果修订完善并具备出版条件。

1.5　总体设计要求

1.5.1　设计原则

1. 功能优先原则

以满足生产、生活功能为前提，并兼顾实用性。

2. 经济实用原则

选择相应地区常规材料及施工工艺。

3. 稳重美观原则

合理搭配色彩，塑造稳重大气的空间效果。

4. 环保节能原则

选择绿色环保的建筑装修材料、节能设备。

5. 通用性原则

通过模式化设计，提高可操作性。

6. 视觉识别系统导入原则。

合理应用，进一步提升企业形象对外传播的一致性与一贯性。

1.5.2 设计要求

抽水蓄能电站位于水库区边，地表含水率较高，空气湿度长年较大。因此，厂房类、仓储类地面采用地砖或石材；洞群室地面采用沥青、水泥、地坪漆。厂房类墙面采用防腐防潮涂料、防火防潮饰面板、铝板、无机板及石材；仓储类墙面采用防腐防潮涂料、防火防潮饰面板。进厂交通洞、通风兼安全洞主要段墙面部分可采用铝板、无机板、石材；其他附属洞室设计墙面以水泥和防腐防潮涂料为主。办公区、生活区楼宇一层墙面距地 600mm 以下及地面需做防潮防水处理，地面材料采用地砖或石材为主、实木复合地板为辅。建筑二层以上可根据办公、生活功能需求进行合理优化设计。

第 2 章 生 产 区

2.1 设计依据

装修设计必须依据现有国家规范，行业标准，以及国网新源公司内部文件。但不限于下述内容。

GB 50015—2019 建筑给水排水设计规范

GB 50016—2014 建筑设计防火规范

GB 50084—2001 （2005 年版） 自动喷水灭火系统设计规范

GB 50140—2005 建筑灭火器配置设计规范

GB 50189—2005 公共建筑节能设计标准

GB 50222－2017 建筑内部装修设计防火规范

GB 50325—2010 民用建筑工程室内环境污染控制规范

GB 50352 民用建筑设计通则

GB 50354—2005 建筑内部装修防火施工及验收规范

GB 50872—2014 水电工程设计防火规范

GB 50974—2014 消防给水及消火栓系统技术规范

DL/T 5113.1—2005 土建工程质量评定标准

DL/T 5140—2001 水利发电厂照明设计规范

SL 266—2014 水电站厂房设计规范

JGJ 67—2006 办公建筑设计规范

DGJ 08－94—2001 民用建筑水灭火系统设计规程

建筑装修工程施工质量验收标准规范（2018 版）

2.2 设计范围及要求

1. 设计范围

（1）地下洞室群：包括主厂房及主副厂房、主变压器洞及变压器副厂房、进厂交通洞及通风兼安全洞、其他附属洞室（母线洞、尾闸洞等）。

（2）500kV 开关站：包括 GIS 室、继保楼。

（3）辅助管理用房：包括闸门启闭机室，配电房，上、下水库管理用房，水工监测数据采集用房。

（4）消防站、仓储（封闭仓库、恒温恒湿库）。

2. 设计要求

装饰设计应遵循国家电网有限公司“资源节约型、环境友好型、工业化”变电站建设的原则进行。设计必须保证建筑物的结构安全和主要使用功能。

（1）地下洞室群：以机电设备为主要表现对象，通过对色彩和照明的运用突出表现水电站厂房的特点，用最简单的设计语言进行展现。

（2）其他附属洞室及 500kV 开关站：经济实用为主，便于施工和后期维修及保养，并在一定区域内具备可便利操作性。

（3）消防站、仓储及辅助管理用房：设计简洁实用，选择相应地区常规材料及施工工艺。

设计标准应控制在批准的可研概算相应部分计列的投资总额之内。抽水蓄能电站工程生产生活设施装饰工程除应按《建筑装修工程施工质量验收标准规范》（2018 版）和本分册确定的原则进行设计外，还应符合其他国家相关规定。

2.3 设计框架

生产用房装修设计，以建筑设计的空间尺寸为基础，主要内容包括设计要求、设计方案、材料选型 3 部分。

2.4 地下洞室群

1. 设计范围

地下洞室群主要包括主厂房及主副厂房、主变压器洞及变压器副厂房、进厂交通洞及通风兼安全洞。其他附属洞室包括母线洞、尾闸洞。在满足《抽水蓄能电站工程生产生活设施装修设计导则》的基础上，在建筑设计已有空间里，运用色彩和几何图形对空间层次进行分离，在空间形成上体现工业美。

2. 设计要求

在已有的建筑空间内，以机电层室内设计为主要表现对象，利用色彩和照明等手段突出表现水电站厂房的特点，整体宜简洁大方，地面采用石材和地坪漆为主。机电层主体墙面以石材或铝材为主，其他墙面可采用清水或防水涂料。机电层、中间层、蜗壳层、其他办公区域内部装修设计在融入到周边环境的同时还需展现企业文化。

2.4.1 主厂房

1. 设计要求

发电机层部分为主要室内表现对象，整体设计要明亮干净、坚固耐用，并要设置企业标识、标志、标语，或其他企业文化元素。在副厂房办公区设可视窗口观察发电机层整体动态运作。色彩以明快、简单为主。并在进厂交通洞处设管理岗位与监控。

中间层、水轮机层及蜗壳层整体室内用材以简洁、耐用、便捷为主。吊顶保留原顶刷白。地面采用石材、地砖或地坪漆，墙面采用白色防水防潮乳胶漆或石材。设备按功能用原色进行区分，以便管理与检测时有效分别。

2. 设计案例

设计方案一：整体设计偏冷色调，简洁明亮。在副厂房办公区设可视窗口观察发电机层整体动态运作，墙体上部设有企业名称标志标识。标识高度控制在墙中间部位。地面采用山东白麻 1000mm×1000mm。墙面 3m 以下部分采用山东白麻 1000mm×800mm 干挂或仿木纹陶瓷薄板 600mm×1200mm，3m 以上部分采用烤漆铝板或无机板，吊顶为铝单板和铝管结合，灯采用防腐防雾防潮高棚灯。主厂房发电机层效果图及平顶图（方案一）如图 2-1 和图 2-2 所示。

图 2-1 主厂房发电机层效果图（方案一）

设计方案二：整体偏暖色调为主，简洁明亮。在副厂房办公区设可视窗口观察发电机层整体动态运作，墙体上部设有企业名称标志标识。地面采用白色玻化砖 1000mm×1000mm，墙面 3m 以下采用米色仿木纹陶瓷薄板 600mm×1200mm，3m 以上部分采用烤漆铝板或涂料。吊顶为铝单板和铝管结合，灯采用防腐防雾防潮高棚灯。主厂房效果图及平顶图（方案二）如图 2-3 和图 2-4 所示。

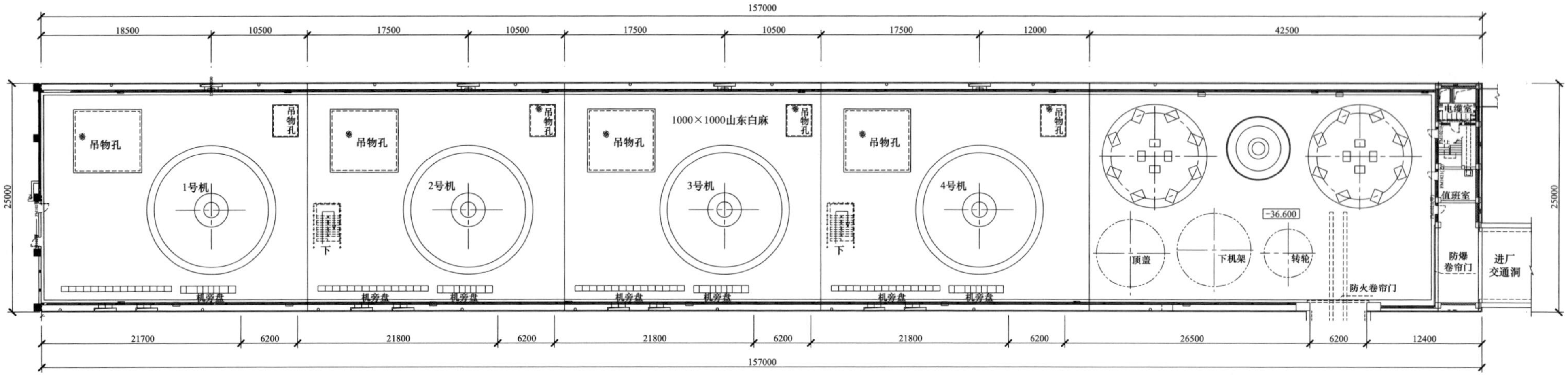

发电机层(-36.60)平面布置图　1:200

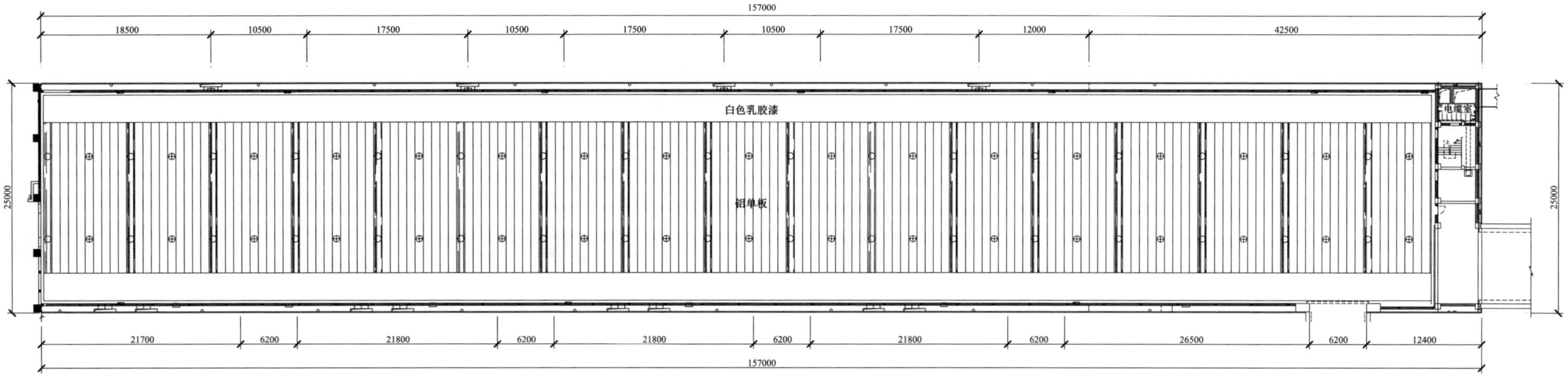

发电机层(-36.60)顶棚图　1:200

图 2-2　主厂房发电机层平顶图（方案一）

图 2-3　主厂房效果图（方案二）

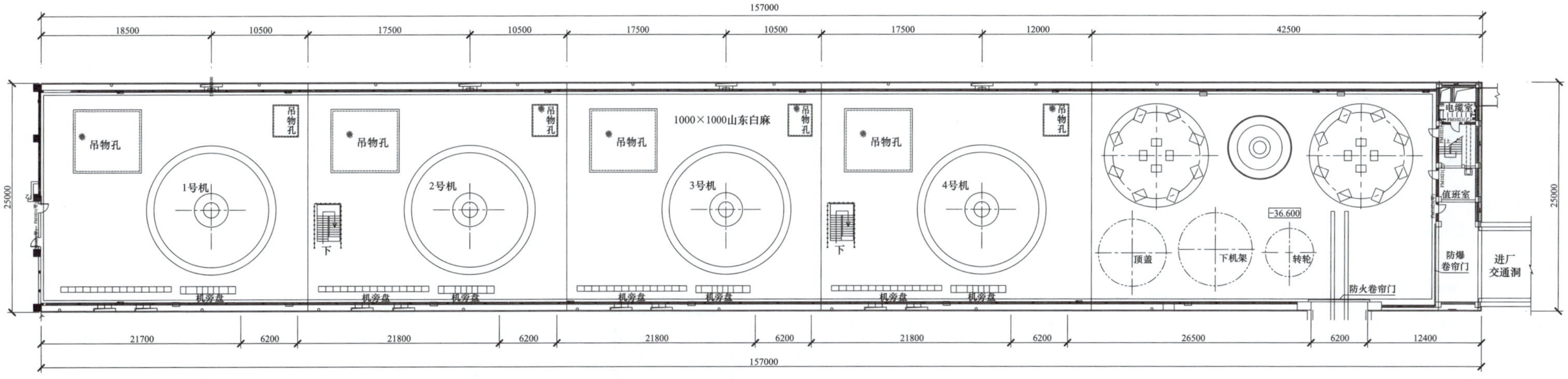

发电机层(-36.60)平面布置图 1:200

图 2-4　主厂房平顶图（方案二）（一）

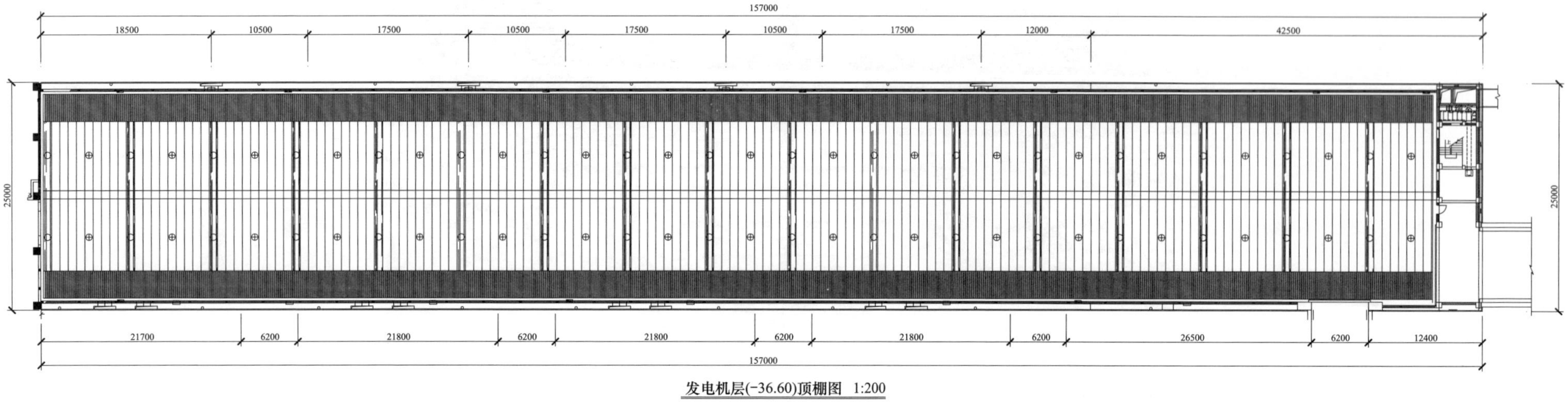

图 2-4 主厂房平顶图（方案二）（二）

3. 材料选型

主厂房常用材料规格参数见表 2-1。

表 2-1 主厂房常用材料规格参数

部位	材料	规格或特性	厚度（mm）
地面	地砖（长×宽，mm×mm）	800×800、1000×1000	12、15、18
	花岗岩（长×宽，mm×mm）	1000×1000、800×800	25、30、35
墙面	陶瓷薄板（长×宽，mm×mm）	1200×600、900×600	5、6
	大理石（长×宽，mm×mm）	1000×1000、800×800	25、30、35
	铝单板、穿孔铝板（长×宽，mm×mm）	1200×2400、1200×600、	1.5、2、2.5
吊顶	铝管（长×宽，mm×mm）	100×80、120×100、150×100	1.0、1.2
	铝单板（长×宽，mm×mm）	1200×600、1200×300、900×600	1.5、1.8
	乳胶漆（防潮）	根据设计尺寸定	—
窗台板	大理石	尺寸可定制	20、25

2.4.2 副厂房

1. 设计要求

副厂房设备室整体满足设备功能需求，简单实用，地面整洁明亮易清洁。会议室和办公室需增加隔音措施，其他功能用房墙面、顶面采用白色乳胶漆，地面采用白色玻化砖或地坪漆。地沟盖板采用不锈钢盖板。整体照明形式采用 LED 节能灯（高效节能）。

2. 设计案例

通用型方案一：污水处理室、中低压空气压缩机室、前室采用 600mm×600mm 玻化砖，楼梯间采用山东白麻。其他未注明处均采用淡灰色地坪漆。墙面、吊顶均采用白色乳胶漆。地面、墙面、顶面均需进行防潮处理。副厂房图（方案一）如图 2-5 所示。

通用型方案二：冷冻机室、电缆层、前室采用 600mm×600mm 玻化砖，楼梯间采用山东白麻。其他未注明处均采用淡灰色地坪漆。墙面、吊顶均采用白色乳胶漆。地面、墙面、顶面均需进行防潮处理。副厂房图（方案二）如图 2-6 所示。

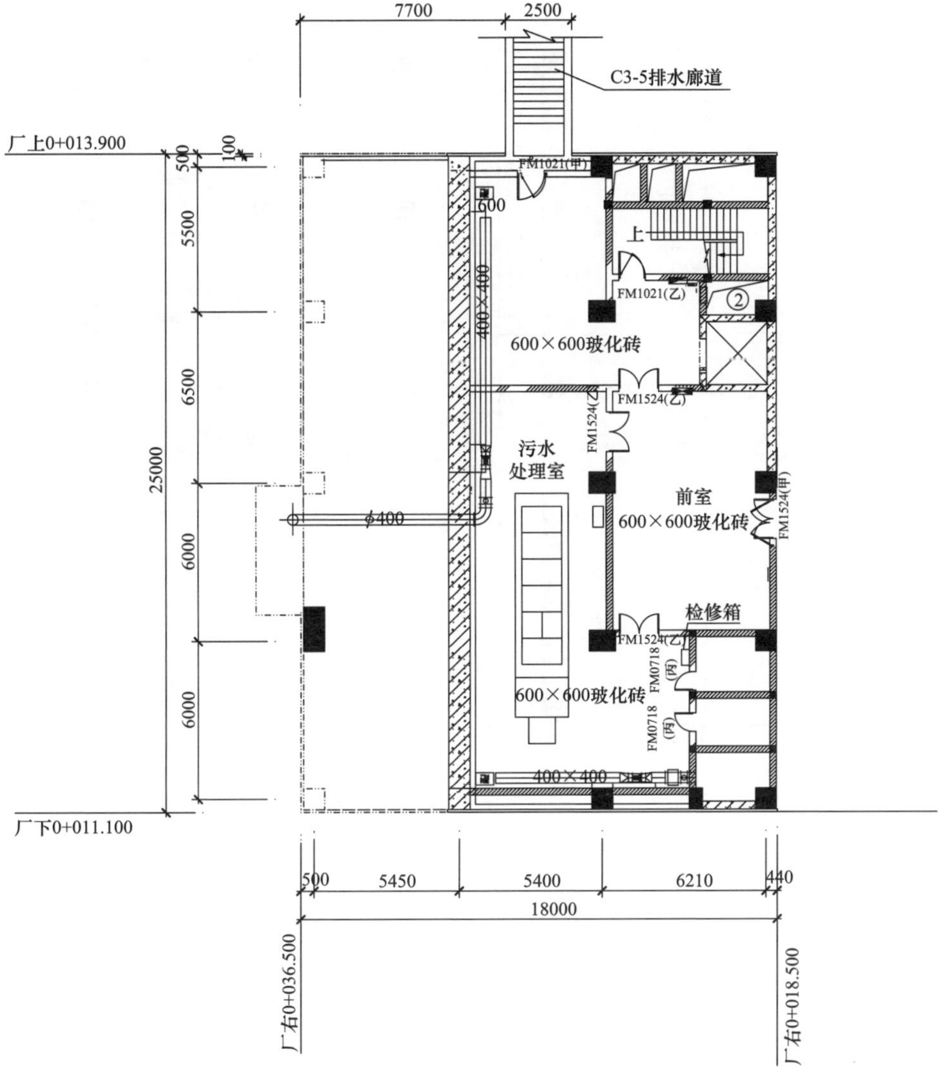

-58.000高程平面布置图 1:200

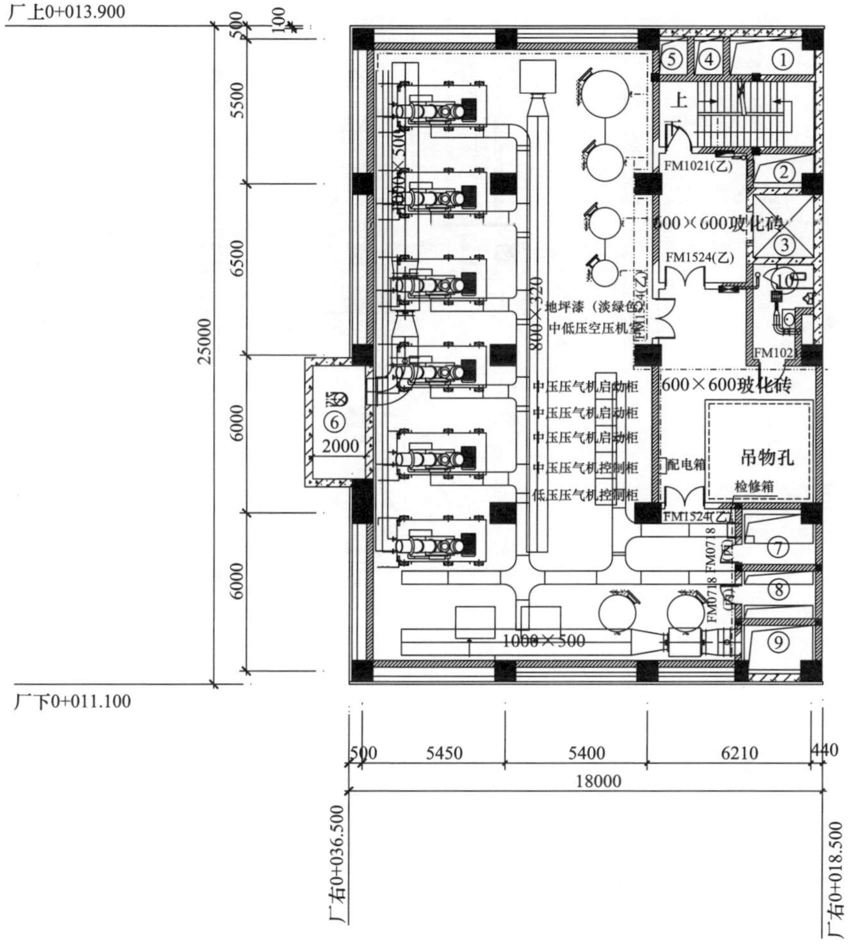

-53.300高程平面布置图 1:200

图 2-5　副厂房图（方案一）

1—主厂房排风井；2—前室正压井；3—电梯井；4—正压井；5—管道井；6—副厂房排风井；7—电缆井；8—电缆井；9—进风井；10—厕所；11—前室

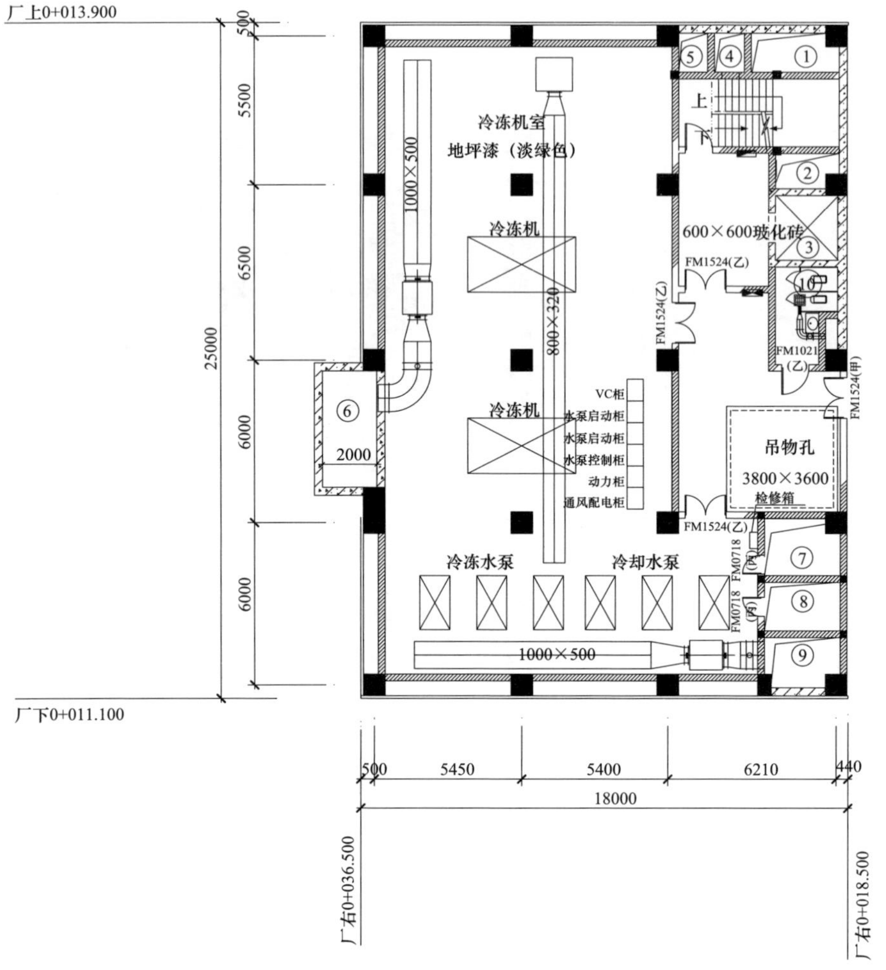

-47.800高程平面布置图 1:200

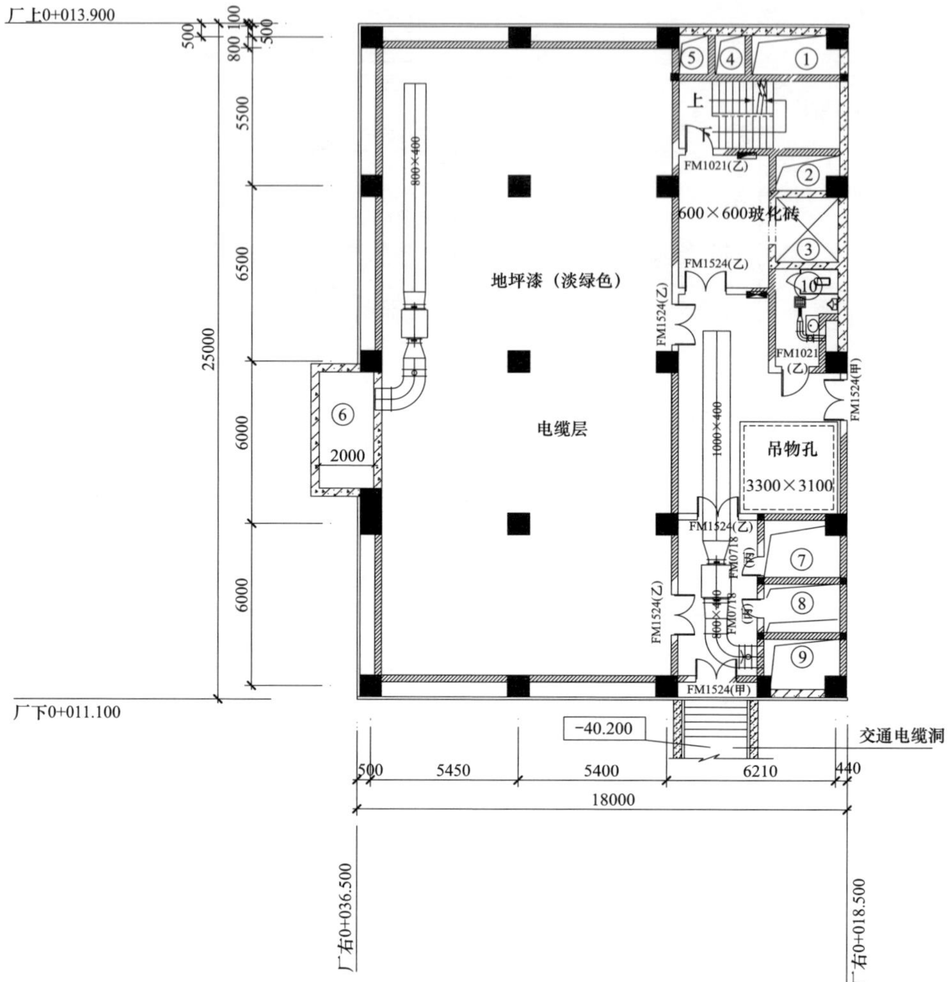

-41.300高程平面布置图 1:200

图 2-6　副厂房图（方案二）

1—主厂房排风井；2—前室正压井；3—电梯井；4—正压井；5—管道井；6—副厂房排风井；7—电缆井；8—电缆井；9—进风井；10—厕所；11—前室

通用型方案三：公用设备及现地控制单元室（LCU 室）、公用配电室、蓄电池室、会议室、保安配电室、值班室、前室采用 600mm×600mm 玻化砖，其他未注明处均采用淡灰色地坪漆。墙面、吊顶均采用白色乳胶漆。地面、墙面、顶面均需进行防潮处理。副厂房图（方案三）如图 2-7 所示。

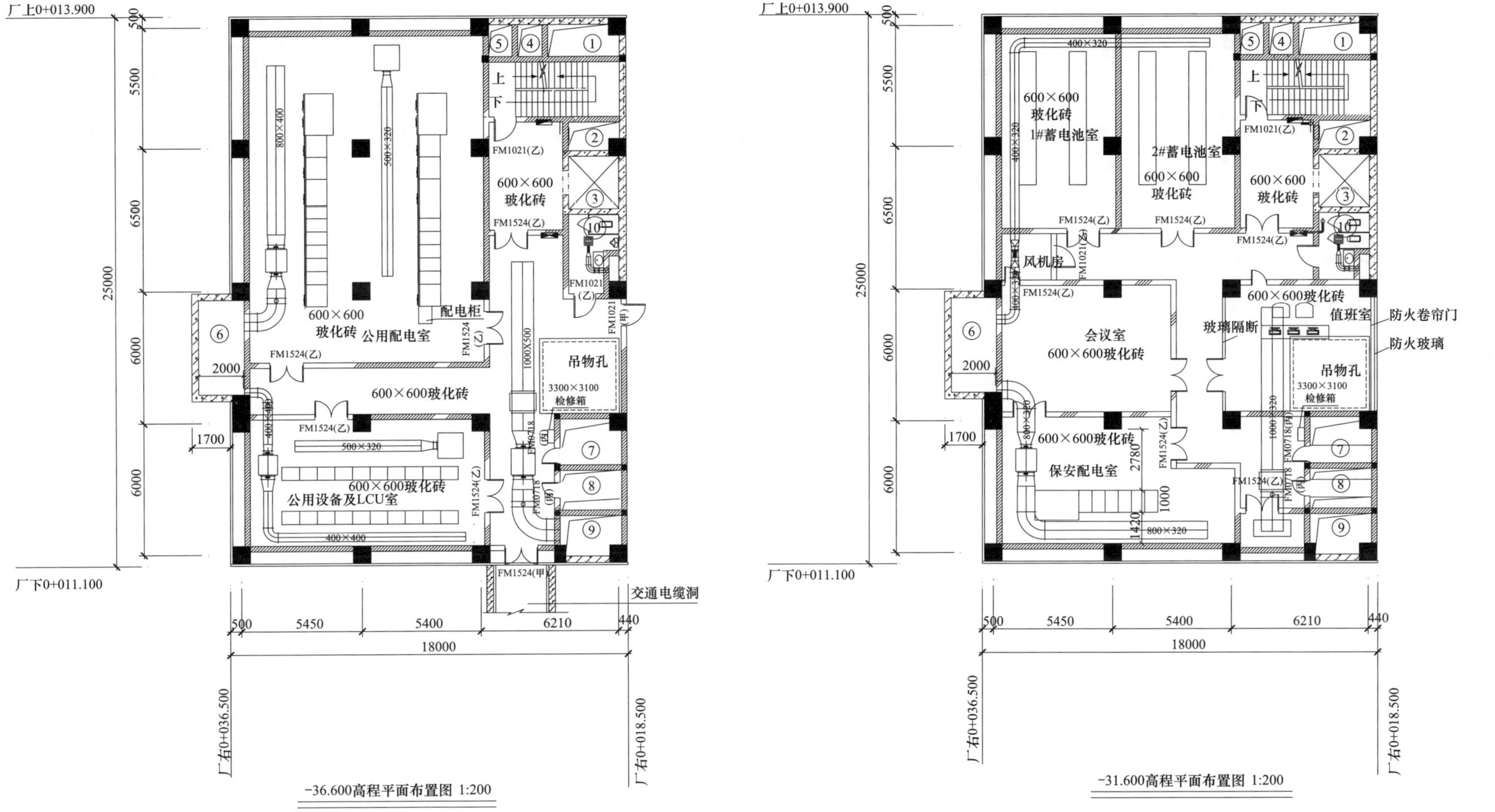

图 2-7　副厂房图（方案三）

1—主厂房排风井；2—前室正压井；3—电梯井；4—正压井；5—管道井；6—副厂房排风井；7—电缆井；8—电缆井；9—进风井；10—厕所；11—前室

通用型方案四： 照明配电室、通信设备室、通信蓄电池室、电缆层、前室采用 600mm×600mm 玻化砖，工具间采用淡绿色地坪漆，楼梯间采用山东白麻。其他未注明处均采用淡灰色地坪漆。墙面、吊顶均采用白色乳胶漆。地面、墙面、顶面均需进行防潮处理。副厂房图（方案四）如图 2-8 所示。

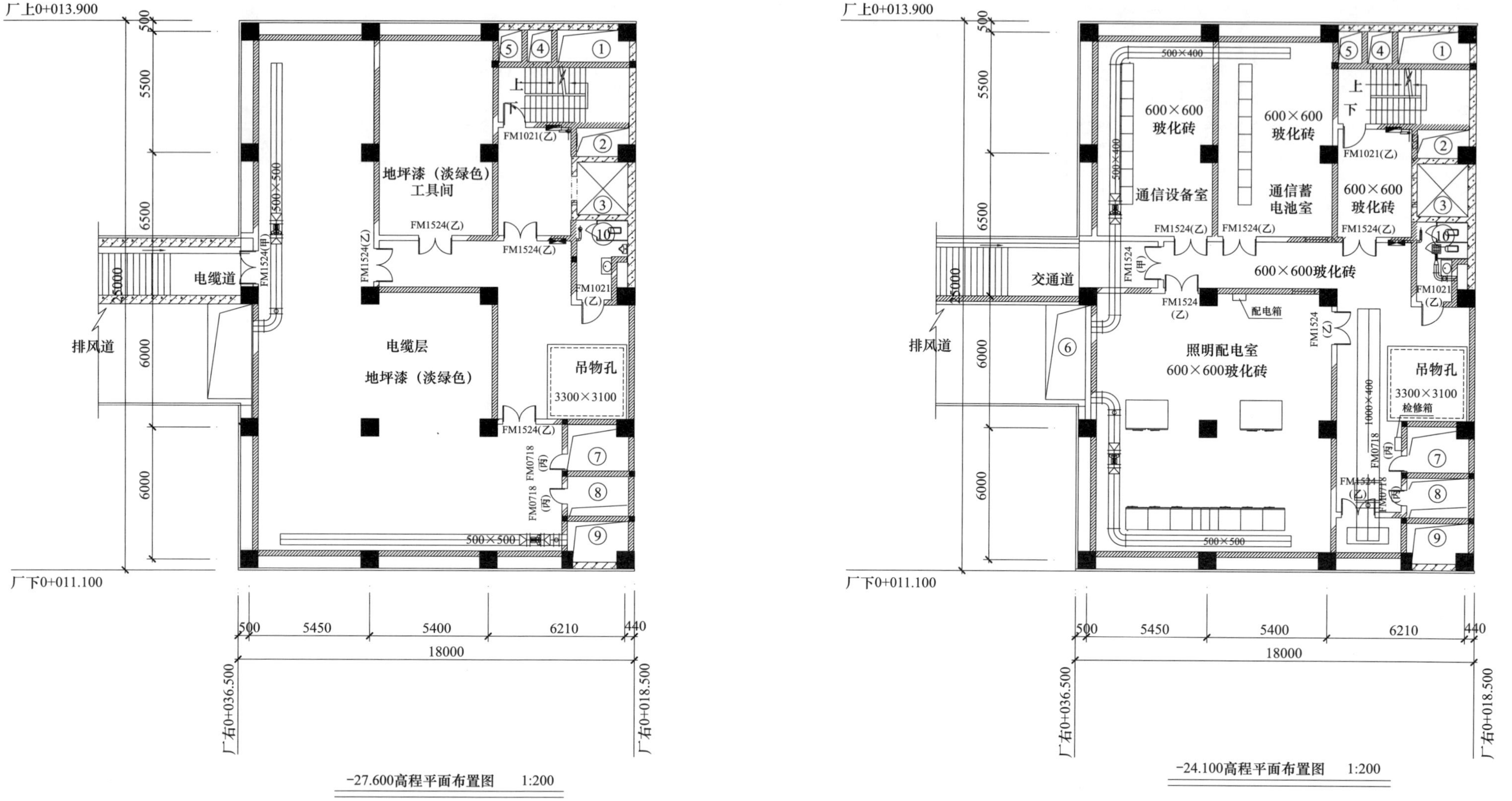

图 2-8 副厂房图（方案四）

1—主厂房排风井；2—前室正压井；3—电梯井；4—正压井；5—管道井；6—副厂房排风井；7—电缆井；8—电缆井；9—进风井；10—厕所；11—前室

通用型方案五：风机室地面采用 600mm×600mm 玻化砖，楼梯间采用山东白麻。其他未注明处均采用淡灰色地坪漆。墙面、吊顶均采用白色乳胶漆。地面、墙面、顶面均需进行防潮处理。副厂房图（方案五）如图 2-9 所示。

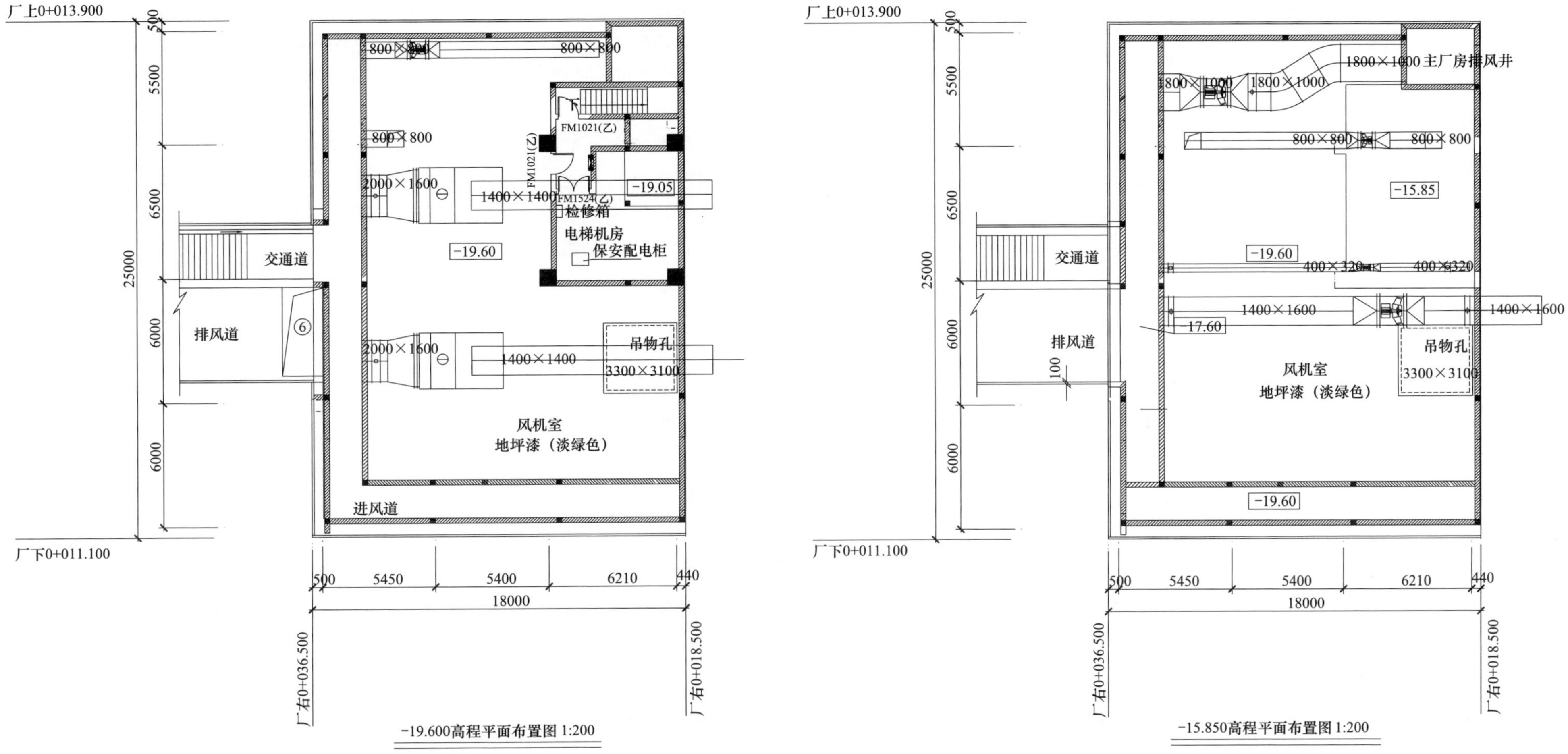

图 2-9　副厂房图（方案五）

1—主厂房排风井；2—前室正压井；3—电梯井；4—正压井；5—管道井；6—副厂房排风井；7—电缆井；8—电缆井；9—进风井；10—厕所；11—前室

3. 材料选型

副厂房常用材料规格参数见表 2-2。

表 2-2　副厂房常用材料规格参数

部位	材　　料	规格或特性	厚度（mm）
地面	地砖（长×宽，mm×mm）	600×600	10、12
	花岗岩（长×宽，mm×mm）	600×600	25、30、35
	地坪漆	根据设计尺寸定	2.5、3、3.5
墙面、吊顶	乳胶漆（防潮）	根据设计尺寸定	—
窗台板	大理石	尺寸可定制	20、25

2.4.3　主变压器洞及变压器副厂房

1. 设计要求

以满足设备功能需求为主，设计简单实用，地面整洁、明亮，易清洁。地面整体采用石材，主变压器洞墙体 2m 以下采用铝板干挂墙裙，其他功能用房墙面、顶面以白色乳胶漆为主。地沟盖板采用不锈钢盖板。高度 6～9m 采用小高棚灯，大于 9m 采用大高棚灯。其余照明形式采用 LED 节能灯（高效节能）。

2. 设计案例

通用型方案：整体地面采用 800mm×800mm 山东白麻，其他未注明房间均采用淡灰色地坪漆。主变压器洞墙体部分采用 900mm×1800mm 穿孔铝板。其他墙面、吊顶均采用白色乳胶漆。地面、墙面、顶面均需进行防潮处理。主变压器洞平面布置如图 2-10 所示。

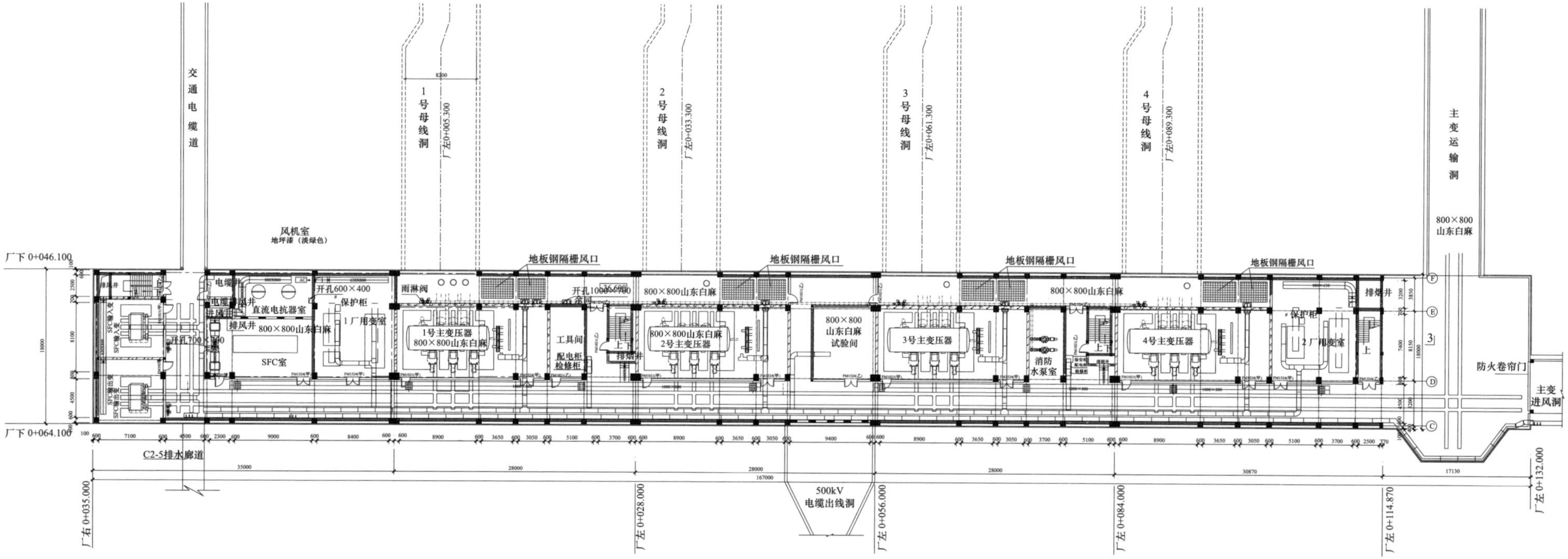

图 2-10　主变压器洞平面布置图

3. 材料选型

主变压器洞及变压器副厂房常用材料规格参数见表 2-3。

表 2-3　　主变压器洞及变压器副厂房常用材料规格参数

部位	材料	规格（长×宽，mm×mm）	厚度（mm）
地面	花岗岩	800×800	25、30、35
	地坪漆	根据设计尺寸定	2.5、3、3.5
墙面、吊顶	乳胶漆（防潮）	根据设计尺寸定	—

2.4.4 进厂交通洞、通风兼安全洞

1. 设计要求

进厂交通洞装修设计以不影响道路交通、设备运输为前提，同时改善洞室整体视觉效果，设计简单实用，整体明亮整洁。进厂洞口部分主要段可根据实际情况进行装修。顶面均采用白色乳胶漆。地沟盖板采用不锈钢盖板。照明采用 LED 节能灯（高效节能）。

通风兼安全洞材料应耐磨实用、整体明亮易清洗，地面采用地坪漆，墙面顶面均采用白色乳胶漆。地沟盖板采用不锈钢盖板。照明采用 LED 节能灯（高效节能）。

进厂交通洞效果图（方案一）如图 2-11 所示，主变压器进风洞与尾闸洞交叉口效果（方案一）如图 2-12 所示，通风兼安全洞效果图（方案一）如图 2-13 所示，进厂交通洞效果图（方案二）如图 2-14 所示，主变压器进风洞与尾闸洞交叉口效果图（方案二）如图 2-15 所示，通风兼安全洞效果图（方案二）如图 2-16 所示。进厂交通洞、通风兼安全洞平面布置如图 2-17 所示。

2. 设计案例

通用型方案（方案一）：地面整体采用地坪漆，进厂洞口部分墙裙采用 900mm×1800mm 穿孔铝板，其他墙面为白色涂料。进厂洞口部分顶面采用铝单板。其他墙面、吊顶均采用白色乳胶漆。地面、墙面、顶面均需防潮处理。设计范围主要为入口 30m。

图 2-11　进厂交通洞效果图（方案一）

图 2-12　主变压器进风洞与尾闸洞交叉口效果图（方案一）

图 2-13　通风兼安全洞效果图（方案一）

图 2-14　进厂交通洞效果图（方案二）

图 2-15　主变压器进风洞与尾闸洞交叉口效果图（方案二）

图 2-16　通风兼安全洞效果图（方案二）

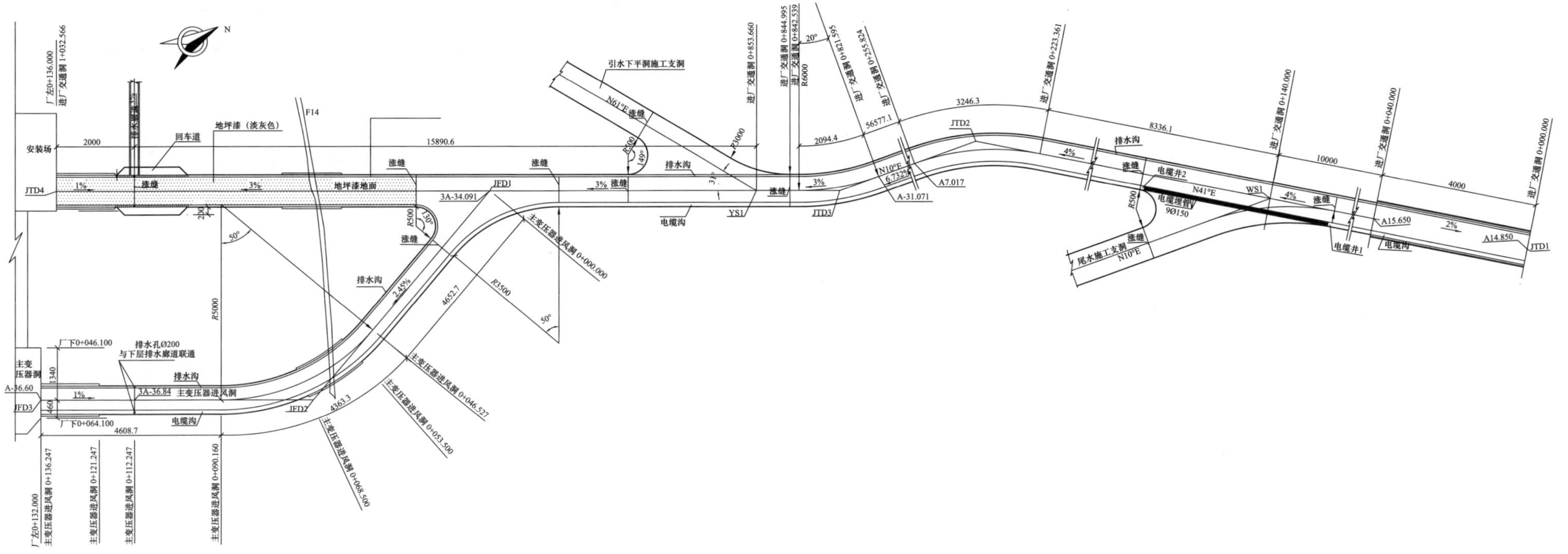

图 2-17　进厂交通洞、通风兼安全洞平面布置图

3. 材料选型

进厂交通洞、通风兼安全洞常用材料规格参数见表 2-4。

表 2-4　　进厂交通洞、通风兼安全洞常用材料规格参数

部位	材料	规格或特性	厚度（mm）
地面	地坪漆	根据设计尺寸定	2.5、3、3.5
墙面	陶瓷薄板（长×宽，mm×mm）	1200×600、800×800	5、6
	铝单板、穿孔铝板（长×宽，mm×mm）	1200×2400、1200×600、	1.5、2、2.5
吊顶	铝管（长×宽，mm×mm）	100×80、120×100、150×100	1.0、1.2
	铝单板（长×宽，mm×mm）	1200×600、1200×300、900×600	1.5、1.8
	乳胶漆（防潮）	根据设计尺寸定	—

2.4.5　其他附属洞室

1. 设计要求

以满足设备功能需求为主，设计简单实用。地面整体采用地坪漆，地面整洁明亮易清洁，墙面、顶面均采用白色乳胶漆。地沟盖板采用不锈钢盖板。照明采用节能灯三防灯（高效节能）。

2. 设计案例

通用型方案：以满足设备功能需求为主，设计简单实用。地面采用地坪漆，墙面、吊顶均采用白色乳胶漆。地面、墙面、顶面均需进行防潮处理。母线洞平面布置如图 2-18 所示。

3. 材料选型

其他附属洞室常用材料规格参数见表 2-5。

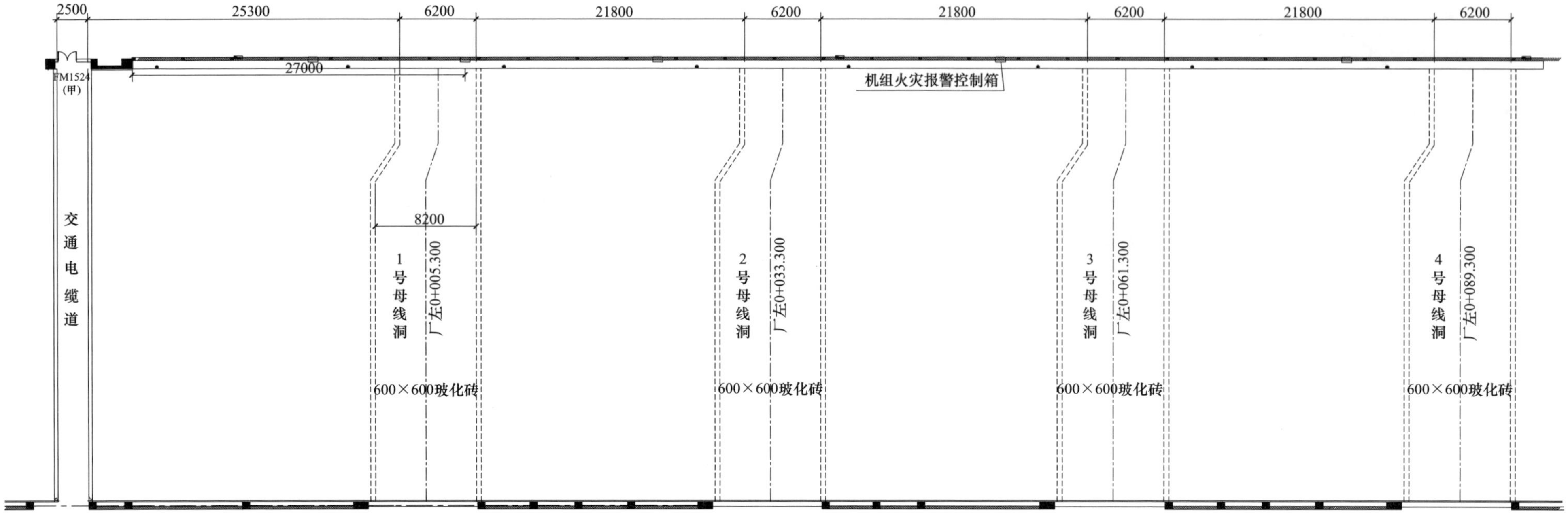

图 2-18　母线洞平面布置图

表 2-5　　其他附属洞室常用材料规格参数

部位	材　料	规格或特性	厚度（mm）
地面	地砖（长×宽，mm×mm）	600×600	12
墙面、吊顶	乳胶漆（防潮）	根据设计尺寸定	—

2.5　开关站

1. 设计范围

设计范围主要包括 GIS 室和继保楼。

2. 设计要求

以满足设备功能需求为主，设计简单实用。继保楼蓄电池室需设置耐酸地砖、墙砖。其他地面采用地砖或地坪漆，墙面、顶面均采用白色乳胶漆。地沟盖板采用不锈钢盖板。照明采用节能灯三防灯（高效节能）。

3. 设计案例

GIS 室通用型方案： GIS 室楼主要功能包括 GIS 层、GIS 室电缆层。整体功能较简单，用材大方、简洁、通用即可。地面采用地坪漆或地砖，墙面、吊顶均采用白色乳胶漆。地面、墙面、顶面均需进行防潮处理。

GIS 室一层平面布置如图 2-19 所示，GIS 室地下层平面布置如图 2-20 所示。

继保室一层平面布置如图 2-21 所示，继保室二层平面布置如图 2-22 所示。

继保楼通用型方案： 继保楼主要功能包括继保室、电缆层、工具间、气瓶间、门厅、过道、楼梯、办公室、蓄电池。其他蓄电池室需设耐酸墙地面。整体功能较简单，用材大方、简洁、通用即可。地面采用地坪漆或地砖，墙面、吊顶均采用白色乳胶漆。地面、墙面、顶面均需进行防潮处理。照明均采用节能高效灯具。

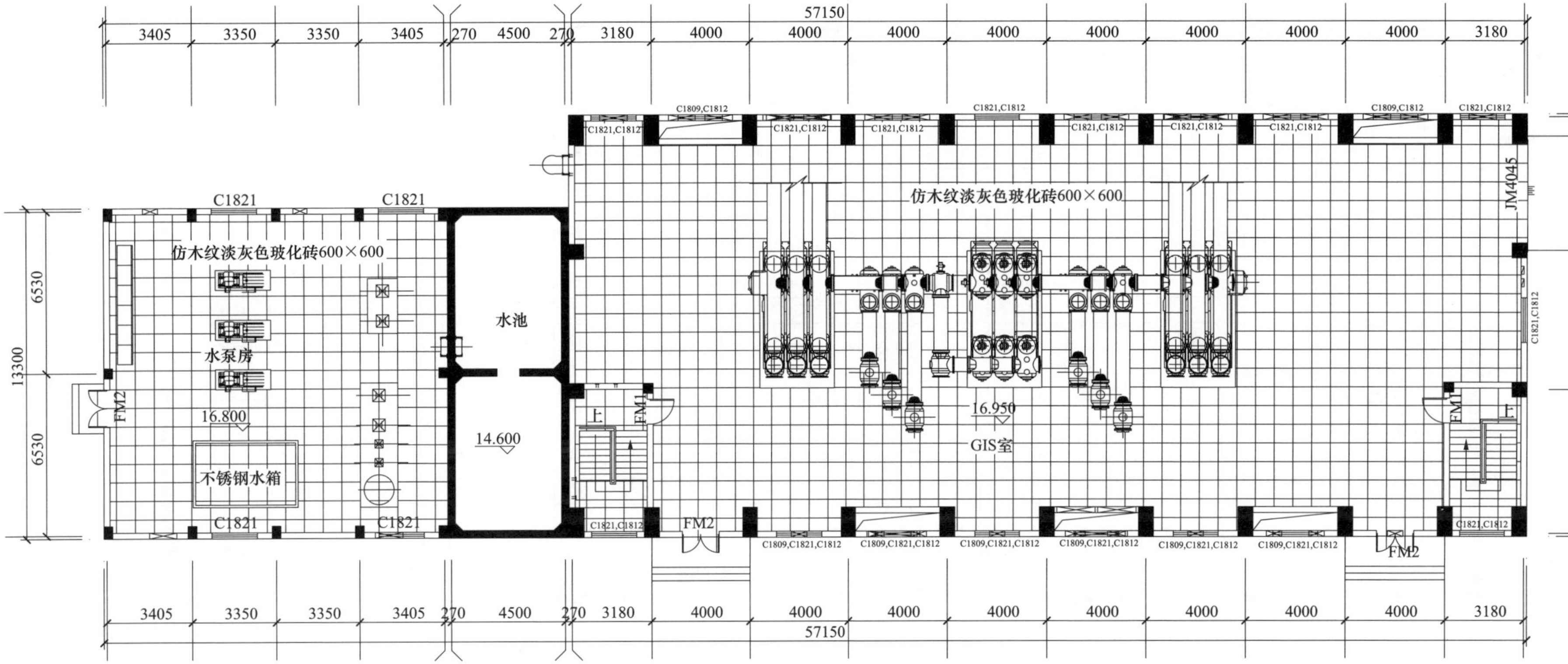

图 2-19　GIS 室一层平面布置图

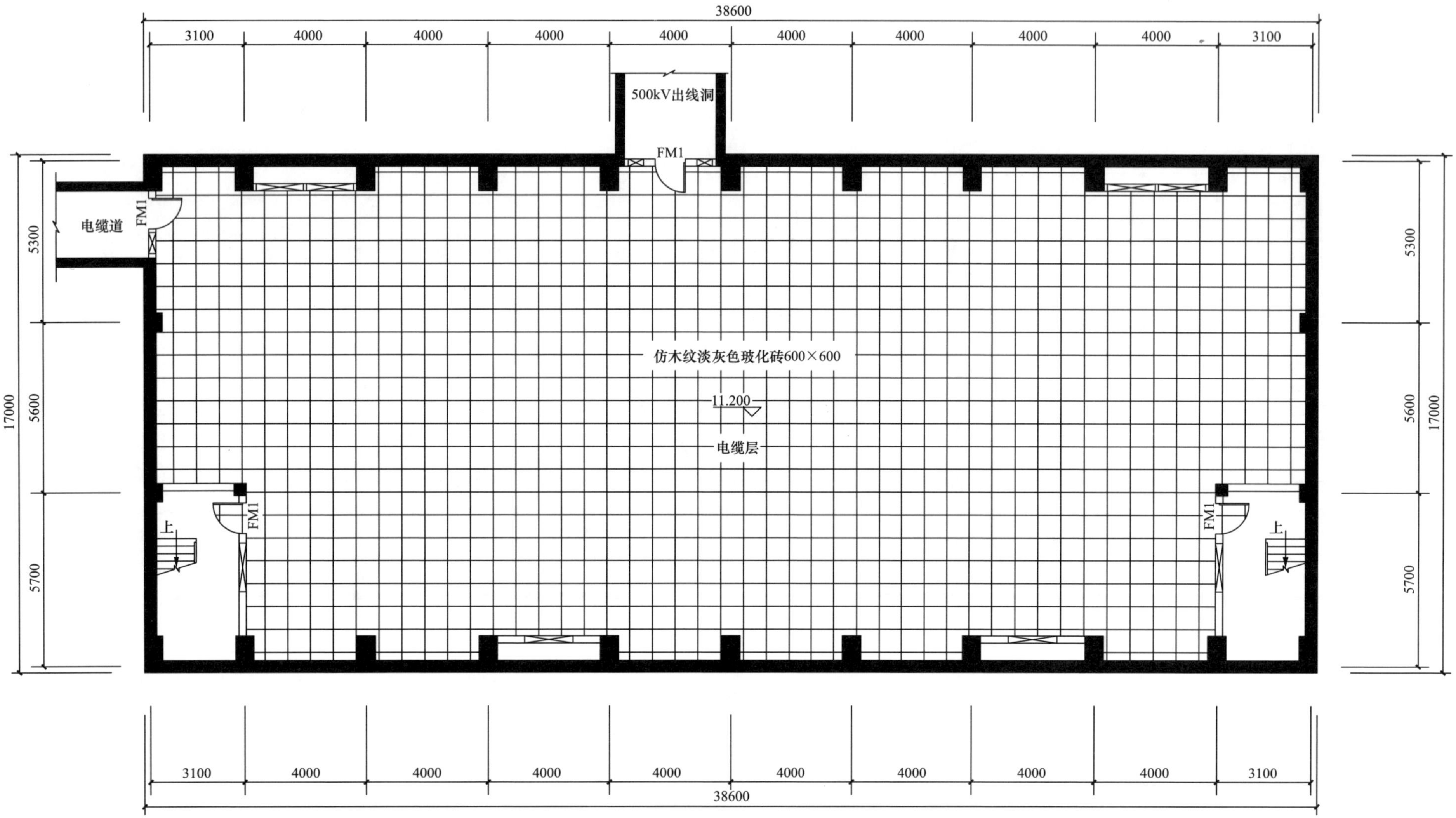

图 2-20　GIS 室地下层平面布置图

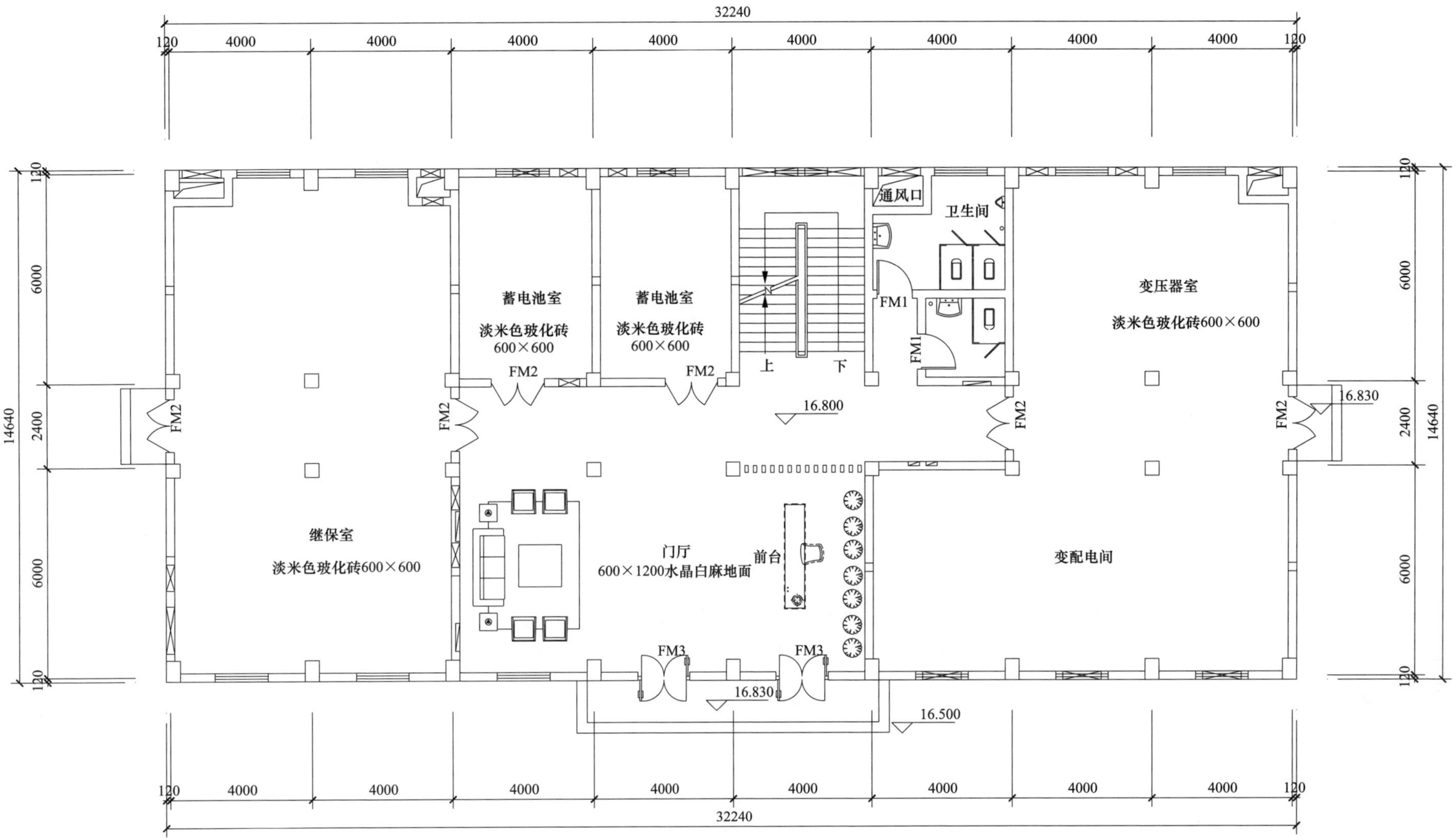

图 2-21　继保室一层平面布置图

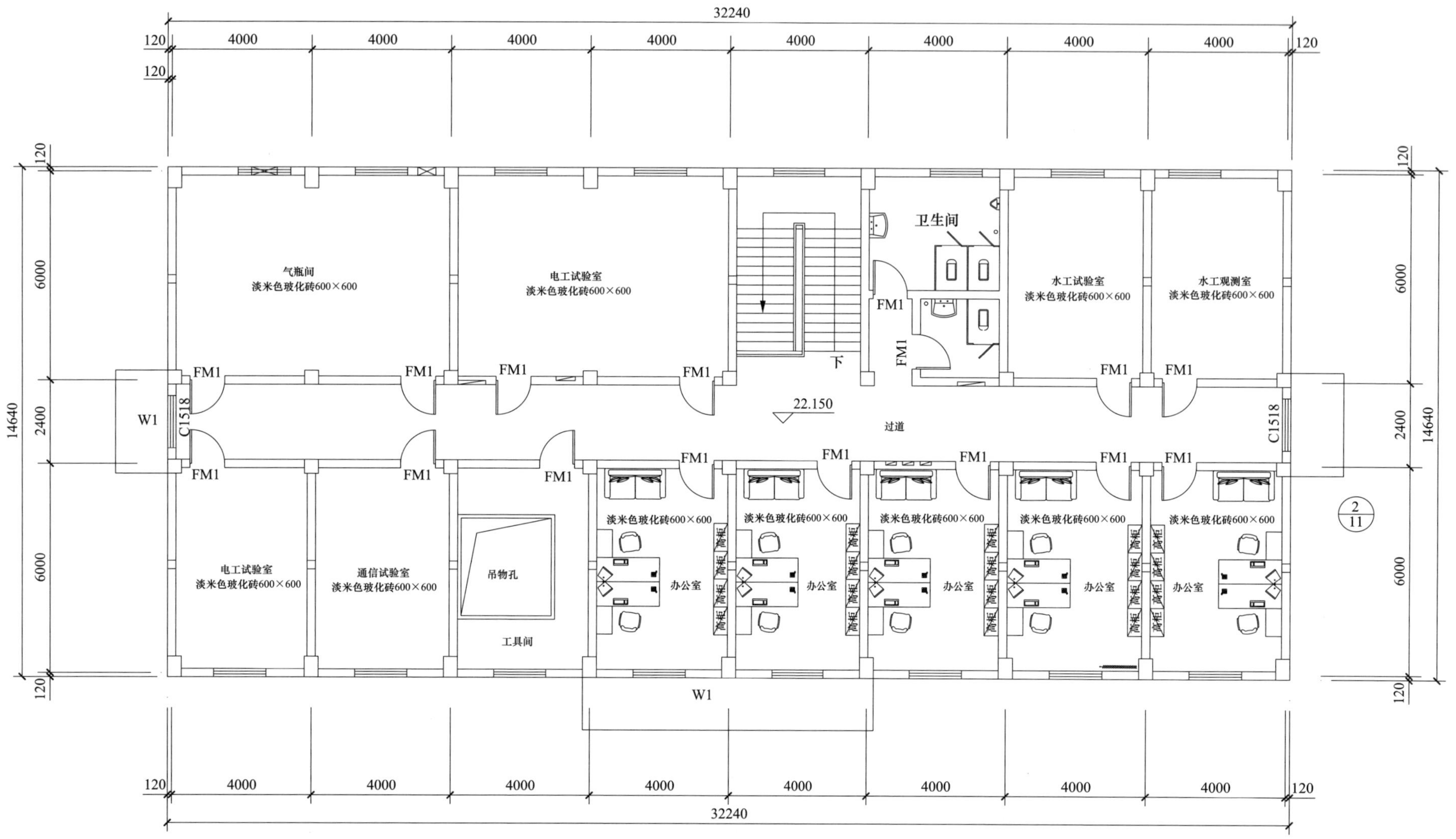

图 2-22　继保室二层平面布置图

4. 材料选型

开关站常用材料规格参数见表 2-6。

表 2-6　　开关站常用材料规格参数

部位	材　　料	规格或尺寸	厚度（mm）
地面	地砖（长×宽，mm×mm）	600×600	10、12
	地坪漆	根据设计尺寸定	2.5、3、3.5
墙面、吊顶	乳胶漆（防潮）	根据设计尺寸定	—
蓄电池	地面采用耐酸地砖，墙面采用耐酸墙砖，规格为 600×600、800×800。其他部位材料同上		

2.6　仓储

1. 设计范围

设计范围主要包括封闭仓库、恒温恒湿库。

2. 设计要求

封闭仓库材料应用易简单、耐用。恒温恒湿库分库房和办公楼，库房设计易简单实用。办公室按常规做法，地面可采用地砖，吊顶可采用石膏板。墙面白色乳胶漆即可。照明采用节能灯。

2.6.1　封闭仓库

1. 设计要求

封闭仓库室内用材以简洁、耐用、便捷为主。吊顶、墙面采用白色乳胶漆。地面采用地坪漆或地砖，照明可根据仓库需要设置，原则采用节能灯具。

2. 设计案例

通用型方案： 整体功能较简单，用材大方、简洁、通用即可。地面采用地坪漆，墙面、吊顶均采用白色乳胶漆。如钢结构屋顶，可采用防火喷漆处理。地面、墙面均需进行防潮处理。照明均采用节能高效灯具。封闭仓库平面布置如图 2-23 所示。

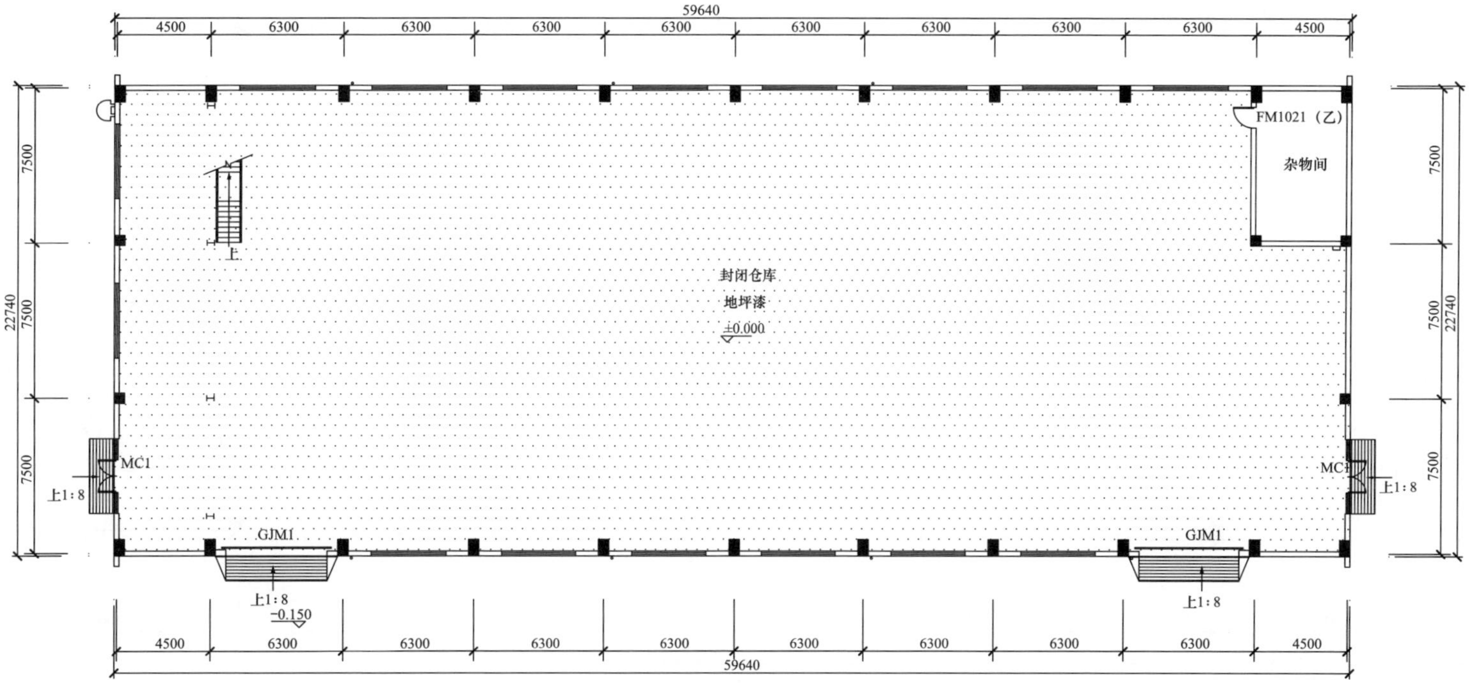

图 2-23　封闭仓库平面布置图

3. 材料选型

封闭仓库常用材料规格参数见表 2-7。

表 2-7　　封闭仓库常用材料规格参数

部位	材料	特性	厚度（mm）
地面	地坪漆	根据设计尺寸定	2.5、3.0、3.5
墙面、吊顶	乳胶漆（防潮）	根据设计尺寸定	—

2.6.2　恒温恒湿库

1. 设计要求

恒温恒湿库室内功能主要有办公室和库房。整体用材以简洁、耐用、便捷为主。吊顶、墙面采用白色乳胶漆。地面采用地坪漆或地砖，其中办公室可采用地砖，其余均采用地坪漆，照明原则采用节能灯具。

2. 设计案例

通用型方案：整体功能较简单，用材大方、简洁、通用即可。物流值班室和门厅处地面采用地砖，其余地面采用地坪漆，墙面、吊顶均采用白色乳胶漆。地面、墙面、顶面均需进行防潮处理。照明均采用节能高效灯具。

恒温恒湿库一层、二层平面布置如图 2-24 和图 2-25 所示。

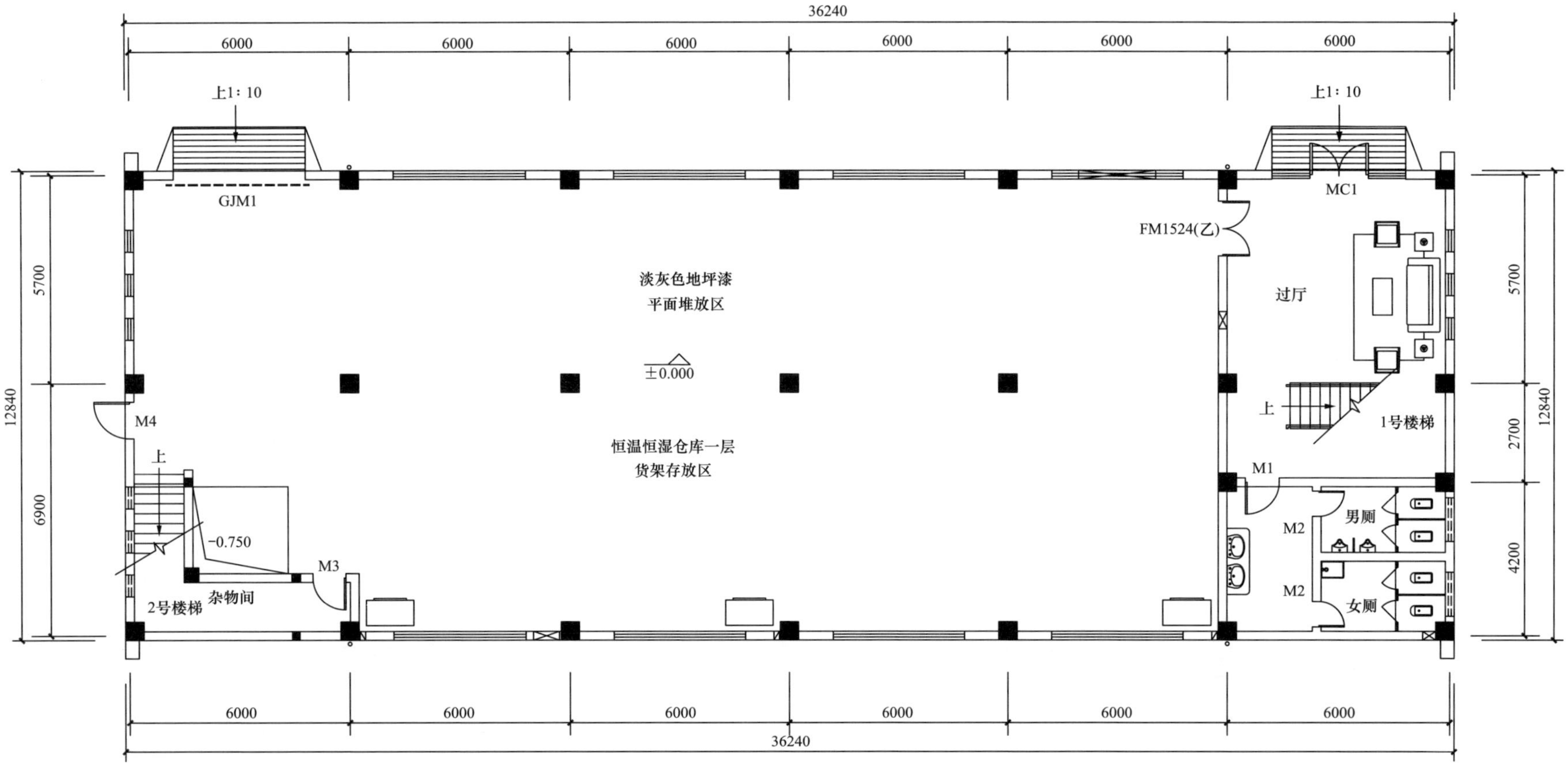

图 2-24　恒温恒湿库一层平面布置图

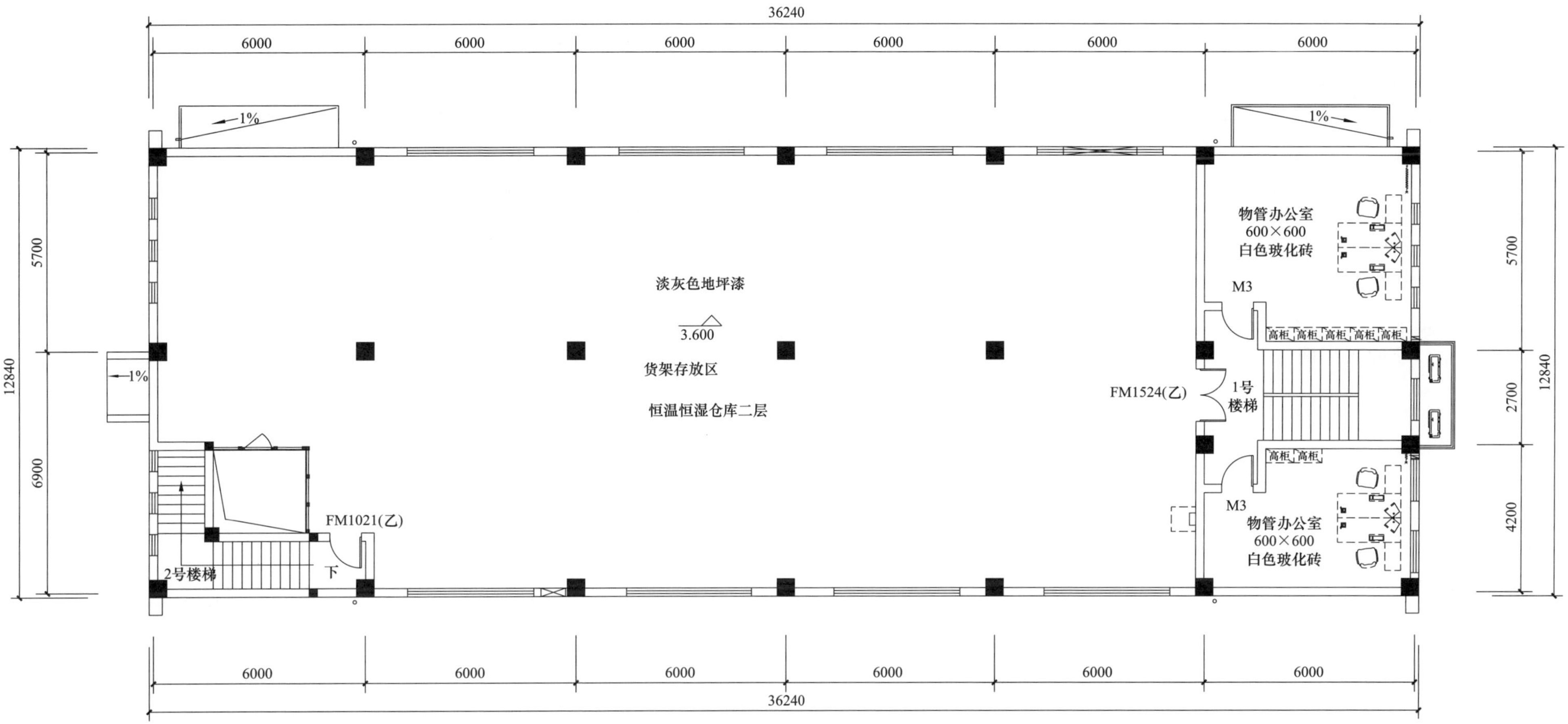

图 2-25　恒温恒湿库二层平面布置图

3. 材料选型

恒温恒湿库常用材料规格参数见表 2-8。

表 2-8　　恒温恒湿库常用材料规格参数

部位	材料	规格或特性	厚度（mm）
地面	地砖（长×宽，mm×mm）	600×600	10、12
	地坪漆	根据设计尺寸定	2.5、3.0、3.5
墙面、吊顶	乳胶漆（防潮）	根据设计尺寸定	—

2.7　消防站

1. 设计范围

设计范围主要包括消防车库、工具间、值班间、指挥室、宿舍、会议室。

2. 设计要求

整体设计简洁大方，用材经济节能。消防车库地面应牢固、耐磨，宜采用地坪漆为主，墙面采用面砖便于清洁和管理。工具间地面易采用地砖，便于清洁和管理，空间简洁、清爽。值班室设置报警系统及联动系统，有必要可设监控系统。指挥室可根据功能进行设置。值班间、指挥室易采用地砖，吊顶均可采用石膏板或集成铝扣板。墙面采用白色乳胶漆即可。照明采用节能灯。

备注：如有条件室内或室外可设淋浴区。

2.7.1　消防车库、工具间

1. 设计要求

整体设计简洁大方、经济实用。消防车库地面采用地坪漆为主，墙面采用白色面砖（300mm×600mm），便于清洁和管理。工具间地面易采用地砖，便于清洁和管理，空间简洁清爽。

2. 设计案例

通用型方案：整体简洁大方，经济实用。吊顶采用石膏板或集成铝扣板。墙面采用白色乳胶漆即可。墙面采用 300mm×600mm 白色面砖。地面采用淡灰色地坪漆。照明采用节能灯具。门为定制平开钢门。

消防站一层、二层平面布置如图 2-26 和图 2-27 所示。

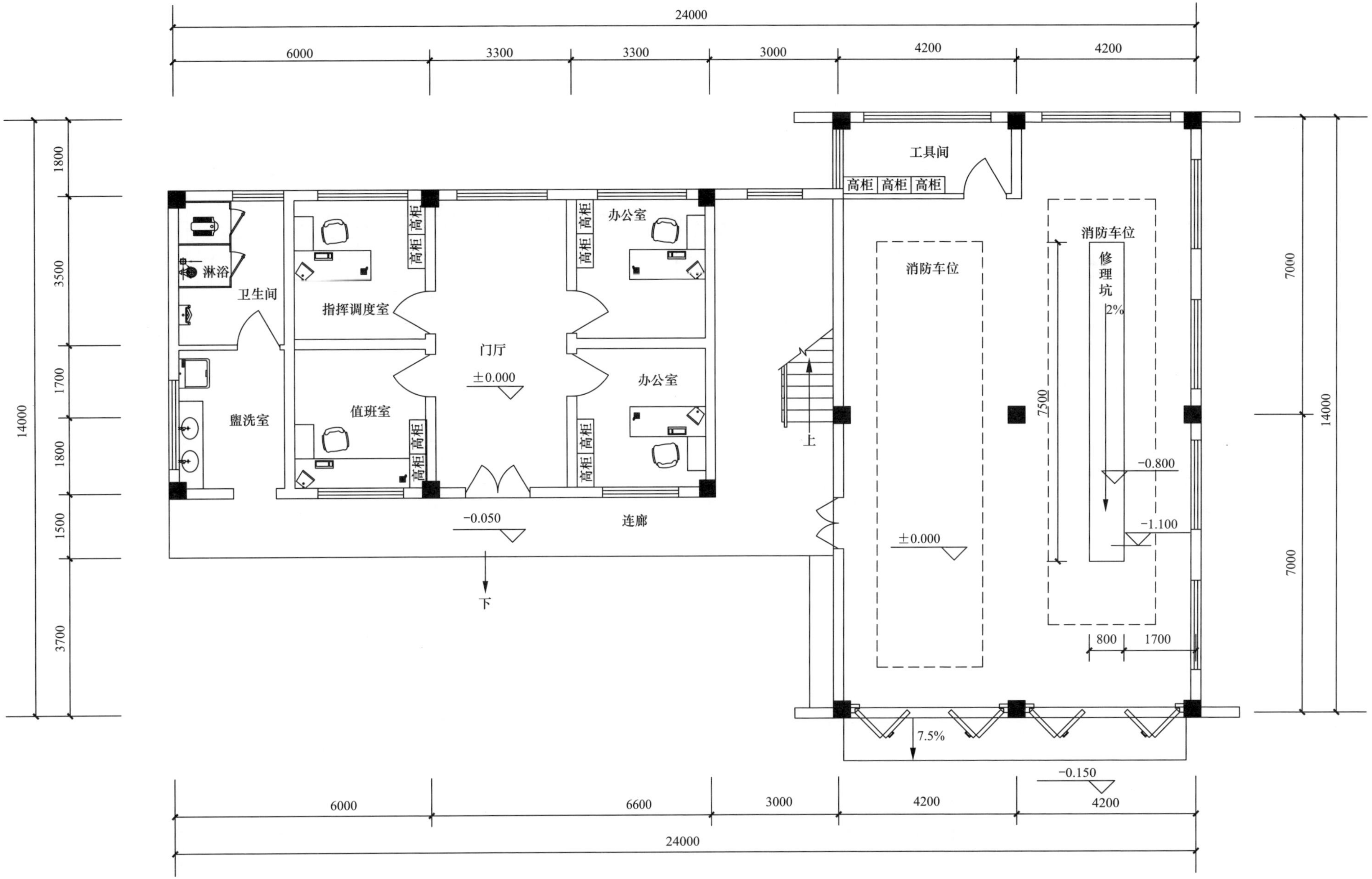

图 2-26　消防站一层平面布置图

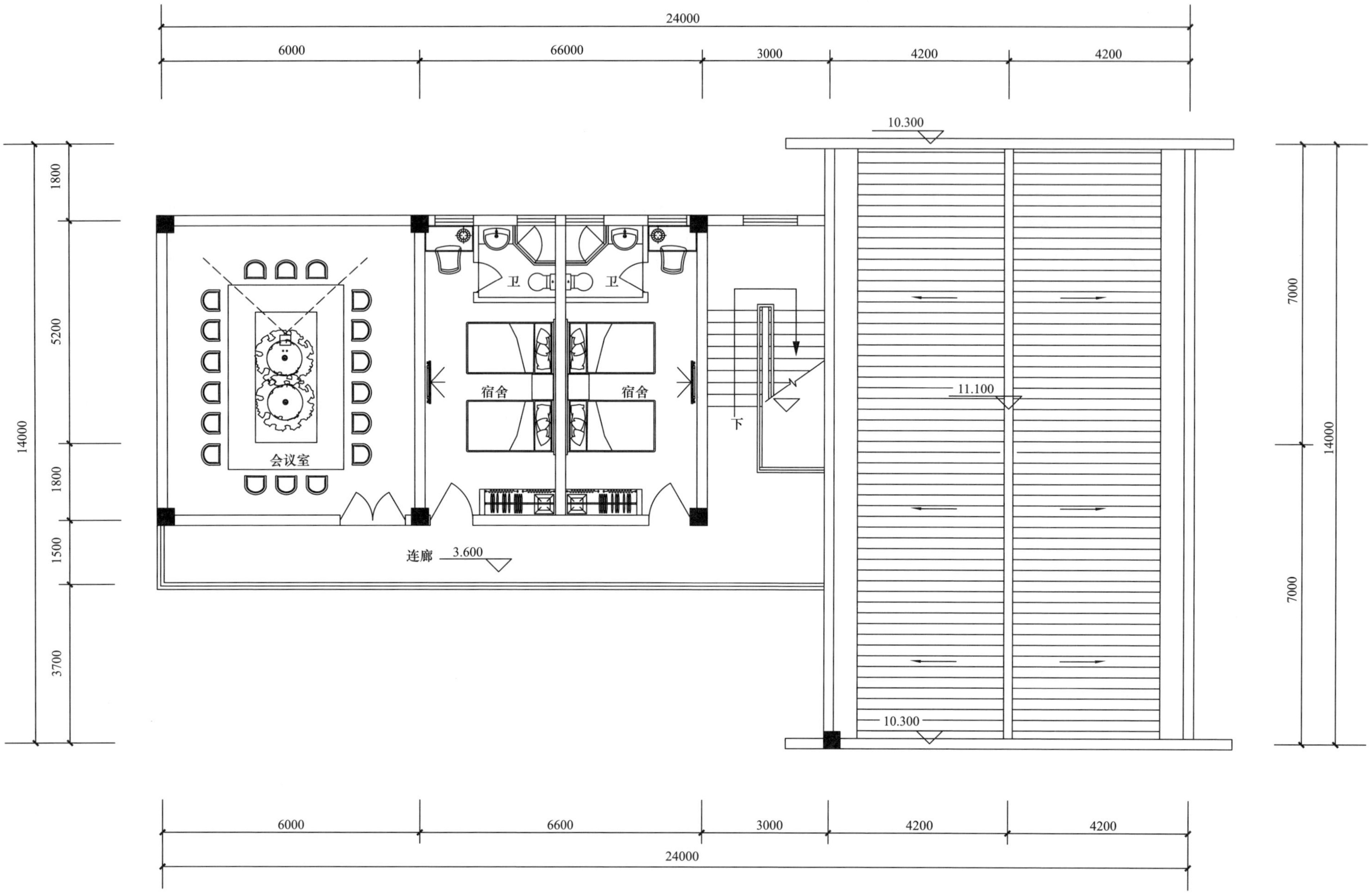

图 2-27　消防站二层平面布置图

3. 材料选型

消房车库、工具间常用材料规格参数见表 2-9。

表 2-9　消房车库、工具间常用材料规格参数

部位	材料	规格或特性	厚度（mm）
地面	地砖（长×宽，mm×mm）	300×600、600×600	10、12
	地坪漆	根据设计尺寸定	2.0、2.5、3.0、3.5
墙面	面砖（长×宽，mm×mm）	300×600、600×600	10、12
吊顶	石膏板（长×宽，mm×mm）	2400×1200、3000×1200、	9.5、12
	铝扣板（长×宽，mm×mm）	1200×600、1200×300、900×600	1.0、1.2
窗台板	大理石	尺寸可定制	20、25

2.7.2　值班室

1. 设计要求

整体设计简洁大方、经济实用。值班室需设有报警系统、联动系统、监控系统。地面采用地砖，墙面采用白色乳胶漆，吊顶采用石膏板。

2. 设计案例

通用型方案：整体简洁大方，经济实用。吊顶采用石膏板或集成铝扣板。墙面采用白色乳胶漆即可。地面采用白色玻化砖。照明采用节能灯具。门为普通木门。

3. 材料选型

值班室常用材料规格参数见表 2-10。

表 2-10　值班室常用材料规格参数

部位	材料	规格或特性	厚度（mm）
地面	地砖（长×宽，mm×mm）	300×600、600×600	10、12
墙面	乳胶漆	根据设计尺寸定	—
吊顶	石膏板（长×宽，mm×mm）	2400×1200、3000×1200、	9.5、12
	铝扣板（长×宽，mm×mm）	1200×600、1200×300、900×600	1.0、1.2
窗台板	大理石	尺寸可定制	20、25

2.7.3　指挥室

1. 设计要求

整体设计简洁大方、经济实用。指挥室按办公室功能设置，如是水电站联合指挥调度室可根据具体要求重新另设计。地面采用地砖，墙面采用白色乳胶漆，吊顶采用石膏板。

2. 设计案例

通用型方案：整体简洁大方，经济实用。吊顶采用石膏板或集成铝扣板。墙面采用白色乳胶漆即可。地面采用白色玻化砖。照明采用节能灯具。

3. 材料选型

指挥室常用材料规格参数见表 2-11。

表 2-11　指挥室常用材料规格参数

部位	材料	规格或特性	厚度（mm）
地面	地砖（长×宽，mm×mm）	300×600、600×600	10、12
墙面	乳胶漆	根据设计尺寸定	—
吊顶	石膏板（长×宽，mm×mm）	2400×1200、3000×1200、	9.5、12
	铝扣板（长×宽，mm×mm）	1200×600、1200×300、900×600	1.0、1.2
窗台板	大理石	尺寸可定制	20、25

2.8 辅助管理用房

1. 设计范围

设计范围主要包括闸门启闭机室，配电房，上、下水库管理用房，水工监测数据采集用房。

2. 通用型方案

整体设计简洁大方，用材经济节能。闸门启闭机室、配电房、水工监测数据采集用房，功能较为简单，易用坚固耐用材料。地面采用地坪漆，吊顶、墙面采用乳胶漆。地面采用地砖（600mm×600mm），吊顶采用石膏板或集成铝扣板。墙面采用白色乳胶漆即可。照明采用节能灯。

3. 材料选型

辅助管理用房常用材料规格参数见表2-12。

表2-12　辅助管理用房常用材料规格参数

部位	材料	规格或特性	厚度（mm）
地面	地砖（长×宽，mm×mm）	300×600、600×600	10、12
	地坪漆	根据设计尺寸定	2.5、3.0、3.5
墙面	乳胶漆	根据设计尺寸定	—
吊顶	石膏板（长×宽，mm×mm）	2400×1200、3000×1200、	9.5、12
	铝扣板（长×宽，mm×mm）	1200×600、1200×300、900×600	1.0、1.2
	乳胶漆	根据设计尺寸定	—
窗台板	大理石	尺寸可定制	20、25

第3章　办　公　区

3.1 设计依据

装修设计必须依据现有国家规范、行业标准，以及国网新源公司内部文件。但不限于下述内容。

GB 50015—2019　建筑给水排水设计规范

GB 50016—2014　建筑设计防火规范

GB 50084—2001（2005年版）自动喷水灭火系统设计规范

GB 50140—2005　建筑灭火器配置设计规范

GB 50189—2005　公共建筑节能设计标准

GB 50222—2014　建筑内部装修设计防火规范

GB 50325—2010　民用建筑工程室内环境污染控制规范

GB 50352　民用建筑设计通则

GB 50354—2005　建筑内部装修防火施工及验收规范

GB 50974—2014　消防给水及消火栓系统技术规范

DL/T 5113.1—2005　土建工程质量评定标准

JGJ 67—2006　办公建筑设计规范

DGJ 08—94—2001　民用建筑水灭火系统设计规程

建筑装修工程施工质量验收标准规范（2018版）

3.2 设计范围及要求

1. 设计范围

设计范围主要包括办公楼、中控楼。

2. 设计要求

遵循国家电网有限公司"资源节约型、环境友好型、工业化"变电站建设的原则进行。在《抽水蓄能电站工程生产生活设施装修设计导则》进行优化之上对使用空间做合理布置及划分。同时结合相关的工程案例，对设计进行标准化和规范化。新建常规水电工程项目、生产单位小型基建项目可参照执行。

办公楼：设计需体现企业形象，功能布置合理、完善。

中控楼：设计简洁大方，以满足使用功能为主，便于施工和后期维修及保养。

设计标准应控制在批准的可研概算相应部分计列的投资总额之内。抽水蓄能电站工程生产生活设施装修工程还应符合国家相关标准的规定。

3.3 设计框架

办公楼、中控楼装修设计，以建筑设计的空间尺寸为基础，主要内容包括设计要求、设计方案、材料选型三部分。

重要部位根据不同地域生活习惯及设计风格，形成方案一、方案二。在具体的工程设计中，应综合考虑各方面的因素，在使用时应与现有国家标准、行业标准相关内容配套使用。

3.4 办公楼

1. 设计范围

办公楼主要包括大厅、电梯厅、过道、会议室（培训室）、档案室、财务室、办公室、卫生间、楼梯间、茶水间。在满足《抽水蓄能电站工程生产生活设施装修设计导则》的基础上，对建筑空间做合理布置及划分。

2. 设计要求

设计体现企业形象，大厅为主要入口，设有接待前台、休息区；视频会议室需系统一体化设计。其他办公区域整体内部装修设计需在满足使用功能需求的同时展现企业文化。

3.4.1 大厅

1. 设计要求

大厅设有前台接待处、公共接待休息区、企业形象墙和电子滚动屏幕。过道处设有打卡功能及楼层导视功能，也可设企业文化展区。整体符合抽水蓄能电站简约、稳重、美观的原则。

2. 设计案例

设计方案一：整体偏冷色调为主，简洁大方。大厅整体结构为一、二层通高。大厅为办公人员主入口，左侧设有接待前台及企业名称标志标识，右侧设有休息区及电站宣传视频功能，并设有考勤及楼层导视功能，电梯厅设企业文化及展区。地面采用 1000mm×1000mm 米白色玻化砖拼接。墙面采用 600mm×1200mm 灰色仿木纹陶瓷薄板。栏杆为 20.76mm 夹胶玻璃。吊顶为 1.0mm 铝单板和 12mm 石膏板结合，增加部分软膜吊顶。效果图（方案一）如图 3-1 所示。

设计方案二：以偏暖色调为主，整体简洁大方，办公楼大厅一、二层通高，设有一部电梯。左侧设有接待前台及企业名称标志标识，右侧设有休息区和电站宣传视频功能，并设有考勤及楼层导视功能，电梯厅可设企业文化及展区。地面采用 1000mm×1000mm 米色玻化砖。墙面采用 600mm×1200mm 米色陶瓷薄板。栏杆为 20.76mm 夹胶玻璃结合木格栅，吊顶为 1.0mm 铝单板和 12mm 石膏板结合，增加部分软膜吊顶。效果图（方案二）如图 3-2 所示。

图 3-1　办公楼大厅效果图（方案一）

图 3-2　办公楼大厅效果图（方案二）

3. 材料选型

办公楼大厅常用材料规格参数见表 3-1。

表 3-1　办公楼大厅常用材料规格参数

部位	材料	规格或特性	厚度（mm）
地面	地砖（长×宽，mm×mm）	800×800、1000×1000	12、15、18
	大理石	尺寸可定制	20、25
墙面	陶瓷薄板（长×宽，mm×mm）	1200×600、800×800	5、6
	大理石	尺寸可定制	20、25
吊顶	石膏板（长×宽，mm×mm）	2400×1200、3000×1200、	9.5、12
	铝单板（长×宽，mm×mm）	1200×600、1200×300、900×600	1.0、1.2、1.5
	软膜（m）	1.5	0.18
栏杆	夹胶玻璃（长×宽，mm×mm）	600×600、600×900	20.76
窗台板	大理石	尺寸可定制	20、25

3.4.2　过道

1. 设计要求

过道作为办公场所内部主要交通路线和疏散要道，同时也是上、下楼层各部门之间主要内部路网。设计时需考虑导示指引和办公功能指示牌。在过道入口处需设置楼层标志、楼层导视图。

2. 设计案例

设计方案一：以偏冷色调为主，整体以简洁大方为主，墙面采用米色乳胶漆为主（南方地区需考虑防潮、防霉），地面采用 600mm×600mm 白色玻化砖，踢脚线采用 120mm 高拉丝不锈钢，吊顶采用 12mm 石膏板。门为成品定制实木复合门。效果图（方案一）如图 3-3 所示。

设计方案二：以偏暖色调为主，简洁大方，墙面采用米色乳胶漆（南方地区需考虑防潮、防霉），地面采用 600mm×600mm 白色玻化砖，踢脚线采用 120mm 高拉丝不锈钢，吊顶采用 12mm 石膏板。门为成品定制通高实木复合门。效果图（方案二）如图 3-4 所示。

3. 材料选型

办公楼过道常用材料规格参数见表 3-2。

图 3-3　办公楼过道效果图（方案一）

图 3-4　办公楼过道效果图（方案二）

表 3-2　　办公楼过道常用材料规格参数

部位	材料	规格或特性	厚度（mm）
地面	地砖（长×宽，mm×mm）	600×600、800×800、1000×1000	12、15、18、20
墙面	陶瓷薄板（长×宽，mm×mm）	1200×600、800×800	5、6
吊顶	石膏板（长×宽，mm×mm）	2400×1200、3000×1200、	9.5、12、15
踢脚线	拉丝不锈钢（长×宽，mm×mm）	2400×1200	12、15、18
窗台板	大理石	尺寸可定制	20、25

3.4.3　接待室

1. 设计要求

接待室是企业对外的窗口，布置应简洁大方、稳重美观。主要接待外来贵宾接待，接待人数以 6～8 人设计，家具布置易采用单人座会客沙发，可适当摆放些企业标志物和绿色植物。

2. 设计案例

设计方案一：以偏冷色调为主，整体简洁大方，墙面采用白色乳胶漆（南方地区需考虑防潮、防霉），地面采用 600mm×600mm 白色玻化砖上铺花式地毯，踢脚线采用 120mm 高拉丝不锈钢，吊顶采用 12mm 石膏板。门为成品定制实木复合门。效果图（方案一）如图 3-5 所示。

图 3-5　办公楼接待室效果图（方案一）

设计方案二：以偏暖色调为主，整体简洁大方，墙面采用墙布（南方地区需考虑防潮、防霉），地面采用实木复合地板，踢脚线采用 120mm 高拉丝不锈钢，吊顶采用 12mm 石膏板。门为成品定制实木复合门。效果图（方案二）如图 3-6 所示。

图 3-6　办公楼接待室效果图（方案二）

3. 材料选型

办公楼接待室常用材料规格参数见表 3-3。

表 3-3　　办公楼接待室常用材料规格参数

部位	材料	规格或特性	厚度（mm）
地面	PVC	卷材	18、20
墙面	特殊乳胶漆（长×宽，mm×mm）	1200×600、800×800	—
墙面	硬包（长×宽，mm×mm）	1200×1500	—

续表

部位	材料	规格或特性	厚度（mm）
墙面	饰面板（长×宽，mm×mm）	2400×1200、1200×1200、	1.2、1.5、2.0
吊顶	石膏板（长×宽，mm×mm）	2400×1200、3000×1200、	9.5、12、15
踢脚线	拉丝不锈钢（长×宽，mm×mm）	2400×1200	15、18
窗台板	大理石	尺寸可定制	20、25

3.4.4 会议室

1. 设计要求

视频会议室（培训室）：根据国网新源公司对视频会议系统一体化电视电话会议系统的要求，会场设备布置需设置一个主屏，两个副屏，并设有高清视频会议终端、音视频采集设备及设备音响。投影方式采用电子投影幕。在空间设计上部分墙面可体现企业文化。整体照明需均匀明亮。

普通会议室：会议室主要以实用、方便为主。需满足日常会议所需，设备需配置网络系统、投影系统及视频功能，投影方式采用电子投影幕。整体照明需均匀明亮。

2. 设计案例

（1）视频会议室（培训室）设计方案。

设计方案一：以偏冷色调为主，整体简洁大方。视频功能采用视频会议一体化系统。墙面采用冷灰色仿木纹饰面板（南方地区需考虑防潮、防霉），地面采用 1000mm×1000mm 白色玻化砖，踢脚线采用 120mm 高拉丝不锈钢，吊顶采用 12mm 石膏板和白色软膜结合。门为成品定制实木复合门。座位办公家具可以自由组合。视频会议室（培训室）效果图（方案一）如图 3-7 所示。

设计方案二：以偏暖色调为主，整体简洁大方。视频功能采用视频会议一体化系统。墙面采用白色乳胶漆（南方地区需考虑防潮、防霉），主席台墙面部分采用人造饰面板，地面采用 PVC 卷材，踢脚线采用 120mm 高拉丝不锈钢，吊顶采用 12mm 石膏板。门为成品定制实木复合门。座位办公家具可以自由组合。视频会议室（培训室）效果图（方案二）如图 3-8 所示。

（2）普通会议室设计方案。

设计方案一：以偏冷色调为主，整体简洁大方。可容纳 30 人会议，考虑电子投影幕及投影设备的安装条件，整体照明均匀明亮。墙面采用淡米色乳胶漆（南方地区需考虑防潮、防霉），地面采用 PVC 卷材，踢脚线采用 120mm 高拉丝不锈钢，吊顶采用 12mm 石膏板。门为成品定制实木复合门。座位办公家具可以自由组合。普通会议室效果图（方案一）如图 3-9 所示。

图 3-7 视频会议室（培训室）效果图（方案一）

图 3-8 视频会议室（培训室）效果图（方案二）

设计方案二：以偏暖色调为主，整体简洁大方。可容纳 30 人会议，设计考虑电子投影幕及投影设备的安装条件，整体照明均匀明亮。在空间设计上部分墙面可体现企业文化。墙面采用白色乳胶漆（南方地区需考虑防潮、防霉）和饰面板结合，地面采用 600mm×600mm 白色玻化砖，踢脚线采用 120mm

高拉丝不锈钢，吊顶采用 12mm 石膏板。门为成品定制实木复合门。座位办公家具可以自由组合。普通会议室效果图（方案二）如图 3-10 所示。

图 3-9　普通会议室效果图（方案一）

图 3-10　普通会议室效果图（方案二）

3. 材料选型

会议室常用材料规格参数见表 3-4。

表 3-4　　会议室常用材料规格参数

部位	材料	规格或特性	厚度（mm）
地面	PVC	卷材	18、20
墙面	特殊涂料（长×宽，mm×mm）	1200×600、800×800	—
墙面	硬包（长×宽，mm×mm）	1200、1500	—
墙面	饰面板（长×宽，mm×mm）	2400×1200、1200×1200、	1.2、1.5、2.0
吊顶	石膏板（长×宽，mm×mm）	2400×1200、3000×1200、	9.5、12、15
踢脚线	拉丝不锈钢（长×宽，mm×mm）	2400×1200	12、15、18
窗台板	大理石	尺寸可定制	20、25

3.4.5　档案室

1. 设计要求

档案室作为抽水蓄能电站主要的工程建设管理资料存档中心，设计按移动密集架集中布置，自成一区，高度控制在 2.1～2.7m 区间内。库区内不设置其他功能用房。密集架可选择钢制或铝合金型材类，便于后期维修和保养，并在一定区域内具备可更换的操作便利性，遵循简洁通用原则。门应为甲级防火门。

2. 设计案例

通用型方案：设计简洁大方、便于可操作性。整体按轨道移动密集架设置。墙面采用白色乳胶漆（南方地区需考虑防潮、防霉）和饰面板结合，地面采用 600mm×600mm 白色玻化砖，踢脚线采用 120mm 高拉丝不锈钢，吊顶采用 12mm 石膏板或原顶刷白。门为甲级防火门。座位办公家具可以自由组合。档案室效果图（方案）如图 3-11 所示。

3. 材料选型

档案室常用材料规格参数如图 3-5 所示。

图 3-11　档案室效果图（方案）

表 3-5　　　　　　　　　　　　档案室常用材料规格参数

部位	材料	规格或特性	厚度（mm）
地面	地砖（长×宽，mm×mm）	600×600、800×800、1000×1000	12、15、18
墙面	涂料	防潮防霉	—
吊顶	石膏板（长×宽，mm×mm）	2400×1200、3000×1200	9.5、12、15
踢脚线	地砖	120 高	10、12、15
窗台板	大理石	尺寸可定制	20、25

3.4.6　财务室

1. 设计要求

财务室作为电站内部员工主要报销中心，在满足安全的前提下，设计功能明确，需设简易报账台、等候区、票据储存间和资料储存间。需设置监控系统，应设独立防盗门。如储存大量现金，需设置安全防盗网。功能优先，整体以实用性为主。

2. 设计案例

通用型方案：整体设计简洁大方。进门处设置等候区、报账台、票据储存间，并设 2 人办公位。墙面采用白色乳胶漆，地面采用 600mm×600mm 白色玻化砖（如有地暖可采用实木复合地板），踢脚线采用 120mm 高地砖，吊顶采用 12mm 石膏板。门为成品防盗门，并设置监控系统。平面布置图如图 3-12 所示。

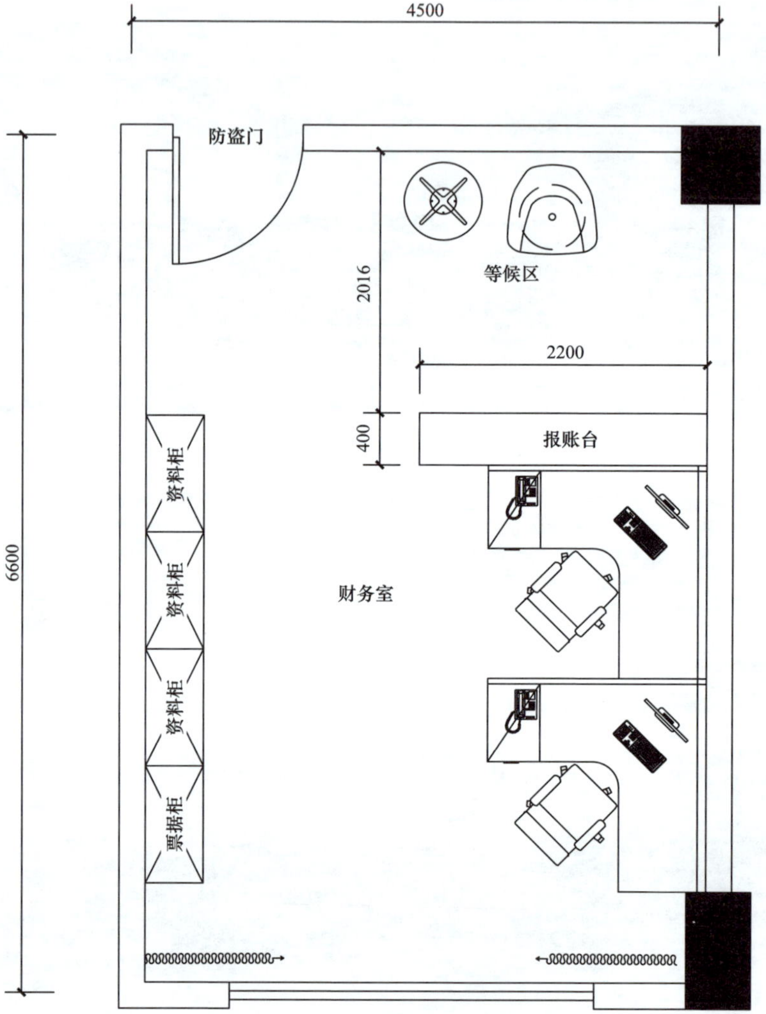

图 3-12　财务室平面布置图

3. 材料选型

财务室常用材料规格参数见表 3-6。

表 3-6　　　　财务室常用材料规格参数

部位	材料	规格或特性	厚度（mm）
地面	地砖（长×宽，mm×mm）	600×600、800×800、1000×1000	12、15、18、20
地面	复合地板（长×宽，mm×mm）	812×173、816×156	12.15
墙面	涂料	防潮防霉	—
吊顶	石膏板（长×宽，mm×mm）	2400×1200、3000×1200、	9.5、12、15
踢脚线	地砖	120 高	10、12、15、18
门	钢制防盗门（长×宽，mm×mm）	2050×960、2050×860	80
窗台板	大理石	尺寸可定制	20、25

3.4.7　办公室

1. 设计要求

功能优先、整体以实用性为主。需满足基本办公需求，整体符合电站企业形象。具备基本接待功能，满足日常资料存放。办公桌椅均为定制。

2. 设计案例

（1）大办公室设计方案。

大办公室设计方案一：设计以偏冷色调为主，简洁大方。设计按 6～10 人办公设置。进门处设置文件柜和局部小空间休息区，办公桌可根据空间进行有效组合分别设置。窗帘采用卷帘。墙面采用白色乳胶漆，地面采用 600mm×600mm 白色玻化砖，踢脚线采用 120mm 高地砖，吊顶采用 600×1200 矿棉板。门为成品实木复合门。大办公室效果图（方案一）如图 3-13 所示。

大办公室设计方案二：设计以偏暖色调为主，简洁大方。设计按 6～10 人办公设置。进门处设置文件柜，办公桌可根据空间进行有效组合分别设置。窗帘采用卷帘。墙面采用白色乳胶漆，地面采用 PVC 卷材，踢脚线采用 120mm 高拉丝不锈钢，吊顶采用 12mm 石膏板。门为成品实木复合门。大办公室效果图（方案二）如图 3-14 所示。

（2）小办公室设计方案。

小办公室设计方案一：设计以偏冷色调为主，简洁大方。设计按 2～3 人办公设置。进门处设置文件柜，休息区和办公桌分别设置在墙体两侧。在空间设计上部分墙面可体现企业风采。墙面采用白色乳胶漆，地面采用 600mm×600mm 白色玻化砖，踢脚线采用 120mm 高地砖，吊顶采用 12mm 石膏板。门为成品实木复合门。小办公室效果图（方案一）如图 3-15 所示。

图 3-13　大办公室效果图（方案一）

图 3-14　大办公室效果图（方案二）

小办公室设计方案二：设计以偏暖色调为主，简洁大方。设计按 2～3 人办公设置。进门处设置休息区，文件柜和办公桌分别设置在墙体两侧。在空间设计上部分墙面可体现企业风采。墙面采用白色乳胶漆，地面采用复合地板，踢脚线采用 120mm 实木踢脚线，吊顶采用 12mm 石膏板。门为成品实木复合门。小办公室效果图（方案二）如图 3-16 所示。

图 3-15 小办公室效果图（方案一）

（3）单人间办公室设计方案。

单人间办公室设计方案一：设计以偏暖灰色调为主，稳重大方。设计按正职领导办公室设计。进门处设置茶水台，办公桌背景为装修性文件柜。在空间设计上部分墙面可体现企业风采。墙面采用白色乳胶漆，局部立面采用饰面板和玻璃，地面采用实木复合地板，踢脚线采用 120mm 实木踢脚线，吊顶采用 12mm 石膏板和软膜结合。门为成品实木复合门。单人间办公室效果图（方案一）如图 3-17 所示。

图 3-16 小办公室效果图（方案二）

图 3-17 单人间办公室效果图（方案一）

单人间办公室设计方案二：设计以偏暖色调为主，稳重大方。设计按正职领导办公室设计。进门处设置茶水台，办公桌背景为装修性文件柜。在空间设计上部分墙面可体现企业风采。墙面采用白色乳胶漆，局部立面采用饰面板和玻璃，地面采用实木复合地板，踢脚线采用 120mm 实木踢脚线，吊顶采用 12mm 石膏板和软膜结合。门为成品实木复合门。单人间办公室效果图（方案二）如图 3-18 所示。

图 3-18　单人间办公室效果图（方案二）

3. 材料选型

办公室常用材料规格参数见表 3-7。

表 3-7　办公室常用材料规格参数

部位	材料	规格或特性	厚度（mm）
地面	地砖（长×宽，mm×mm）	600×600、800×800、1000×1000	12、15、18
地面	复合地板（长×宽，mm×mm）	812×173、816×156	12、15
墙面	涂料	防潮防霉	—
吊顶	石膏板（长×宽，mm×mm）	2400×1200、3000×1200、	9.5、12、15
踢脚线	地砖	120 高	10、12、15
门	实木复合门（长×宽，mm×mm）	2050×960、2050×860	60、80
窗台板	大理石	尺寸可定制	20、25

3.4.8　卫生间

1. 设计要求

设计需防水防潮、易于清洁、实用安全。实用材料不易过花，墙地面材料明快简洁。蹲坑位置需单独设点视照明。窗户需设防蚊虫措施。

2. 设计方案

通用型方案：使用方便，风格易简洁明亮。整体墙地面便于清理，男卫小便斗设置感应出水。蹲坑隔断采用防潮耐火板。窗户设有纱窗。墙面采用 300mm×600mm 墙砖，地面采用 300mm×600mm 防滑地砖，吊顶集成铝扣板 300mm×300mm。门选样需考虑防潮防霉措施。效果图如图 3-19 所示。

3. 材料选型

卫生间常用材料规格参数见表 3-8。

图 3-19　卫生间效果图

表 3-8　　卫生间常用材料规格参数

部位	材料	规格	厚度（mm）
地面	防滑地砖（长×宽，mm×mm）	600×600、300×600、300×300	10、12
墙面	面砖（长×宽，mm×mm）	300×600、600×600	10、12
吊顶	集成铝扣板（长×宽，mm×mm）	600×600、300×600、300×300	0.6、0.8、1.0
窗台板	大理石	尺寸可定制	20、25

3.4.9　楼梯间

1. 设计要求

设计以整体实用性为主。梯段、栏杆满足消防要求，楼梯踏步采用石材，进行踏步设计时需考虑防滑功能，栏杆以安全实用材料为主。封闭式楼梯间不易采用玻璃栏杆。

2. 设计案例

通用型方案：设计以经济实用为主，整体便于清理。墙面采用白色乳胶漆，地面采用 600mm×600mm 石材或地砖，吊顶原顶采用白色乳胶漆。如有楼梯间防火门面漆易采用白色或淡灰色面漆。平面布置图如图 3-20 所示。

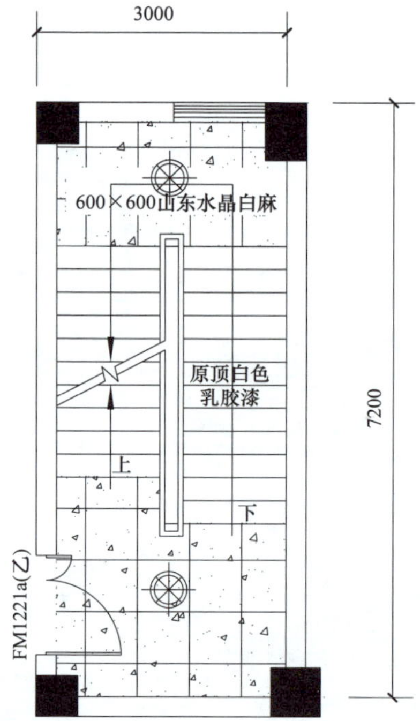

图 3-20　楼梯间平面布置图

3. 材料选型

楼梯间常用材料规格参数见表 3-9。

表 3-9　　楼梯间常用材料规格参数

部位	材料	规格	厚度（mm）
地面	地砖（长×宽，mm×mm）	600×600、800×800	10、12
墙面	涂料	防潮防霉	—
吊顶	涂料	防潮防霉	—
踢脚线	地砖	120 高	10、12
门	防火门	成品防火门	60、70
窗台板	大理石	尺寸可定制	20、25

3.5　中控楼

1. 设计范围

中控楼主要包括大厅、电梯厅、过道、会议室（培训室）、档案室、运维中心、中控室、计算机室、参观厅、其他设备间。在满足《抽水蓄能电站工程生产生活设施装修设计导则》的基础上，对建筑空间做合理布置及划分。

2. 设计要求

设计体现企业形象，大厅为主要入口，设有接待前台、休息区；中控室和设备室需配合设备系统设计一体化。其他办公区域整体内部装修设计需在满足使用功能需求的同时展现企业文化。

3.5.1　大厅

1. 设计要求

大厅设有前台接待处、公共接待休息区、企业形象墙和电子滚动屏幕。过道处设有打卡功能及楼层导视功能，也可设企业文化展区。整体符合抽水蓄能电站简约、稳重美观的原则。

2. 设计案例

设计方案一：整体偏冷色调为主，简洁大方。大厅为办公人员主入口，左侧设有接待前台及企业名称标志标识，右侧设有休息区及电站宣传视频功能。地面采用 800mm×800mm 灰白色大理石拼接。墙面采用 600mm×1200mm 灰木纹大理石。吊顶为 12mm 石膏板，增加部分软膜吊顶。效果图（方案一）如图 3-21 所示。

设计方案二：整体偏暖色调为主，简洁大方。大厅为办公人员主入口，左侧设有接待前台及企业名称标志标识，右侧设有休息区及电站宣传视频功能。地面采用 600mm×600mm 米黄色玻化砖拼接。墙面采用 600mm×1200mm 米黄色仿石材陶瓷薄板。吊顶为 1.0mm 铝单板。效果图（方案二）如图 3-22 所示。

图 3-21　中控楼大厅效果图（方案一）

图 3-22　中控楼大厅效果图（方案二）

3. 材料选型

中控楼大厅常用材料规格参数见表 3-10。

表 3-10　　中控楼大厅常用材料规格参数

部位	材料	规格或特性	厚度（mm）
地面	地砖（长×宽，mm×mm）	600×600、800×800	10、12
地面	大理石（长×宽，mm×mm）	600×600、800×800	20、25
墙面	陶瓷薄板（长×宽，mm×mm）	1200×600、800×800	5、6
墙面	大理石（长×宽，mm×mm）	1200×600、800×800	20、25
吊顶	石膏板（长×宽，mm×mm）	2400×1200、3000×1200	9.5、12
吊顶	铝单板（长×宽，mm×mm）	1200×600、1200×300、900×600	1.0、1.2
吊顶	软膜	1.5m	0.18
门	防火门	成品防火门	60、70
窗台板	大理石	尺寸可定制	20、25

3.5.2 中控室

1. 设计要求

根据设备功能要求，需设电子显示屏组合大屏幕，地面需架空地板，高度不低于 150mm，墙面简洁大方。吊顶采用集成铝扣板，便于维修。铝扣板规格可 600mm×1200mm，门为乙级防火门。

2. 设计案例

设计方案一：整体偏冷色调为主，简洁大方。按照国网新源公司统一标准进行功能布置。地面采用 800mm×800mm 白色玻化砖拼接。墙面采用灰色乳胶漆。吊顶为 1.2mm 铝单板。效果图（方案一）如图 3-23 所示。

设计方案二：整体偏暖色调为主，简洁大方。按照国网新源公司统一标准进行功能布置。地面采用 800mm×800mm 米黄色玻化砖拼接。墙面采用白色乳胶漆。吊顶为 12mm 石膏板，增加部分软膜吊顶。效果图（方案二）如图 3-24 所示。

图 3-23　中控室效果图（方案一）

图 3-24　中控室效果图（方案二）

3. 材料选型

中控室常用材料规格参数见表 3-11。

表 3-11　　中控室常用材料规格参数

部位	材料	规格或特性	厚度（mm）
地面	地砖（长×宽，mm×mm）	600×600、800×800	10、12
墙面	涂料	防潮防霉	—
吊顶	石膏板（长×宽，mm×mm）	2400×1200、3000×1200	9.5、12
吊顶	铝单板（长×宽，mm×mm）	1200×600、1200×300、900×600	1.0、1.2
吊顶	软膜（m）	1.5	0.18
门	防火门	成品防火门	60、70
窗台板	大理石	尺寸可定制	20、25

3.5.3　计算机室

1. 设计要求

设计需将功能性和实用性相结合，采用简洁明快的手法，保持整体风格一致。

2. 设计案例

通用型方案：设计以经济实用为主，整体便于清理。墙面采用白色乳胶漆，地面采用 600mm×600mm 防静电地板，吊顶为 12mm 石膏板。平面布置图如图 3-25 所示。

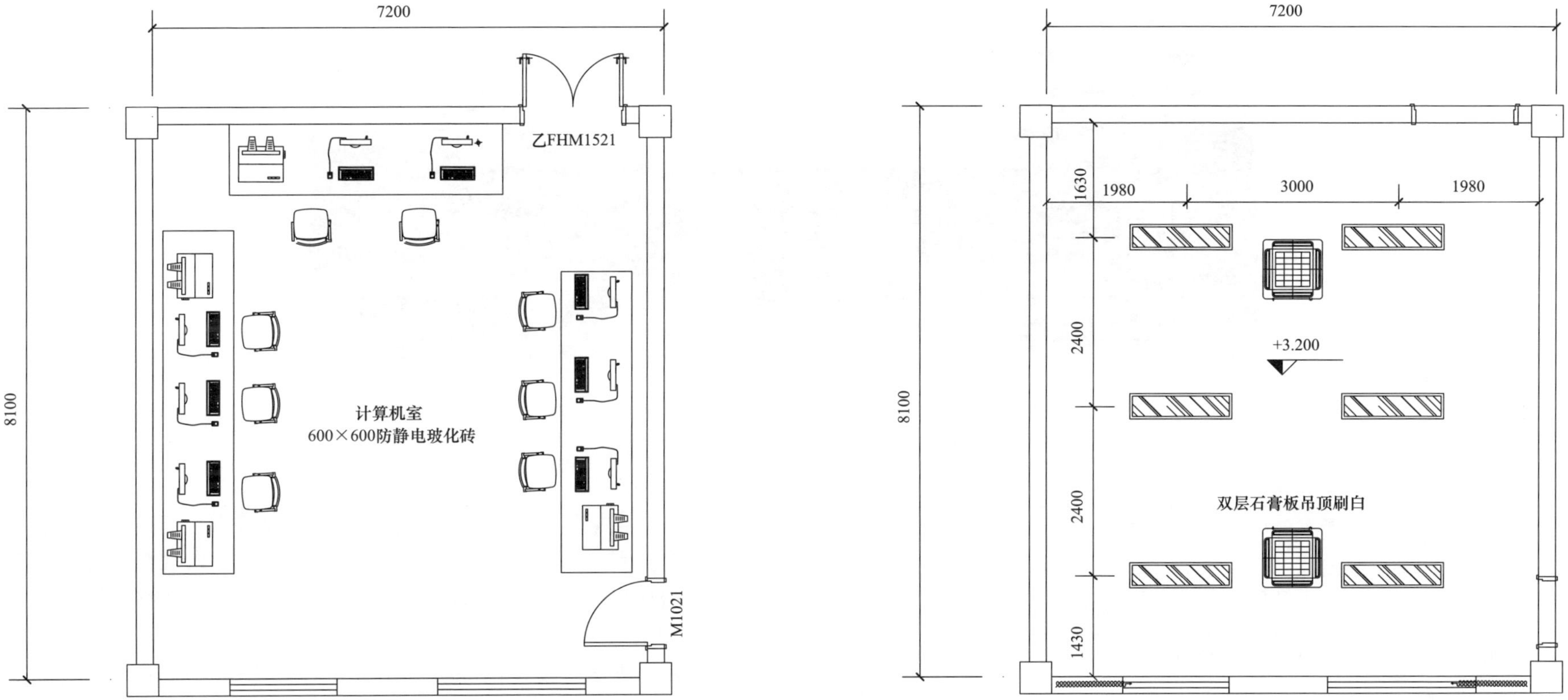

图 3-25　计算机室平面布置图

3. 材料选型

计算机室常用材料规格参数见表 3-12。

表 3-12　　计算机室常用材料规格参数

部位	材料	规格	厚度（mm）
地面	静电地板（长×宽，mm×mm）	600×600、800×800	15、18
墙面	涂料	防潮防霉	—
吊顶	石膏板（长×宽，mm×mm）	2400×1200、3000×1200	9.5、12
吊顶	铝单板（长×宽，mm×mm）	1200×600、1200×300、900×600	1.0、1.2
门	防火门	成品防火门	60、70
窗台板	大理石	尺寸可定制	20、25

3.5.4　参观休息厅

1. 设计要求

设计需延续电站整体简洁明快的风格，根据接待方式进行空间布置，整体以谈话休闲空间对象为主，装饰用材可略温馨典雅，可根据接待室要求设置。

2. 设计案例

通用型方案：功能需设有沙发会晤区、休息区。墙面采用饰面板和涂料结合，地面采用 600mm×600mm 玻化砖，吊顶为 12mm 石膏板，增加部分软膜吊顶。效果图如图 3-26 所示。

3. 材料选型

参观休息厅常用材料规格参数见表 3-13。

图 3-26　参观休息厅效果图

表 3-13　　参观休息厅常用材料规格参数

部位	材料	规格或特性	厚度（mm）
地面	玻化砖（长×宽，mm×mm）	600×600、800×800	10、12
墙面	涂料	防潮防霉	—
吊顶	铝管（长×宽，mm×mm）	40×60、60×60、60×80	6、8、10、12
门	防火门	成品防火门	60、70
窗台板	大理石	尺寸可定制	20、25

3.5.5　设备室

1. 设计要求

设备室包括气瓶间、控制设备室、通信设备室、运维中心、蓄电池室、配电间、监控室、消控室等，设计应考虑相应功能需求选择材料，如蓄电池室需采用耐酸地面材料，消控室需采用静电地板等，装修风格应简洁，易清洁。

2. 设计案例

通用型方案：设计以经济实用为主，整体便于清理。墙面采用白色乳胶漆，地面采用 600mm×600mm 玻化砖，吊顶采用原顶白色乳胶漆。平面布置如图 3-27 所示。

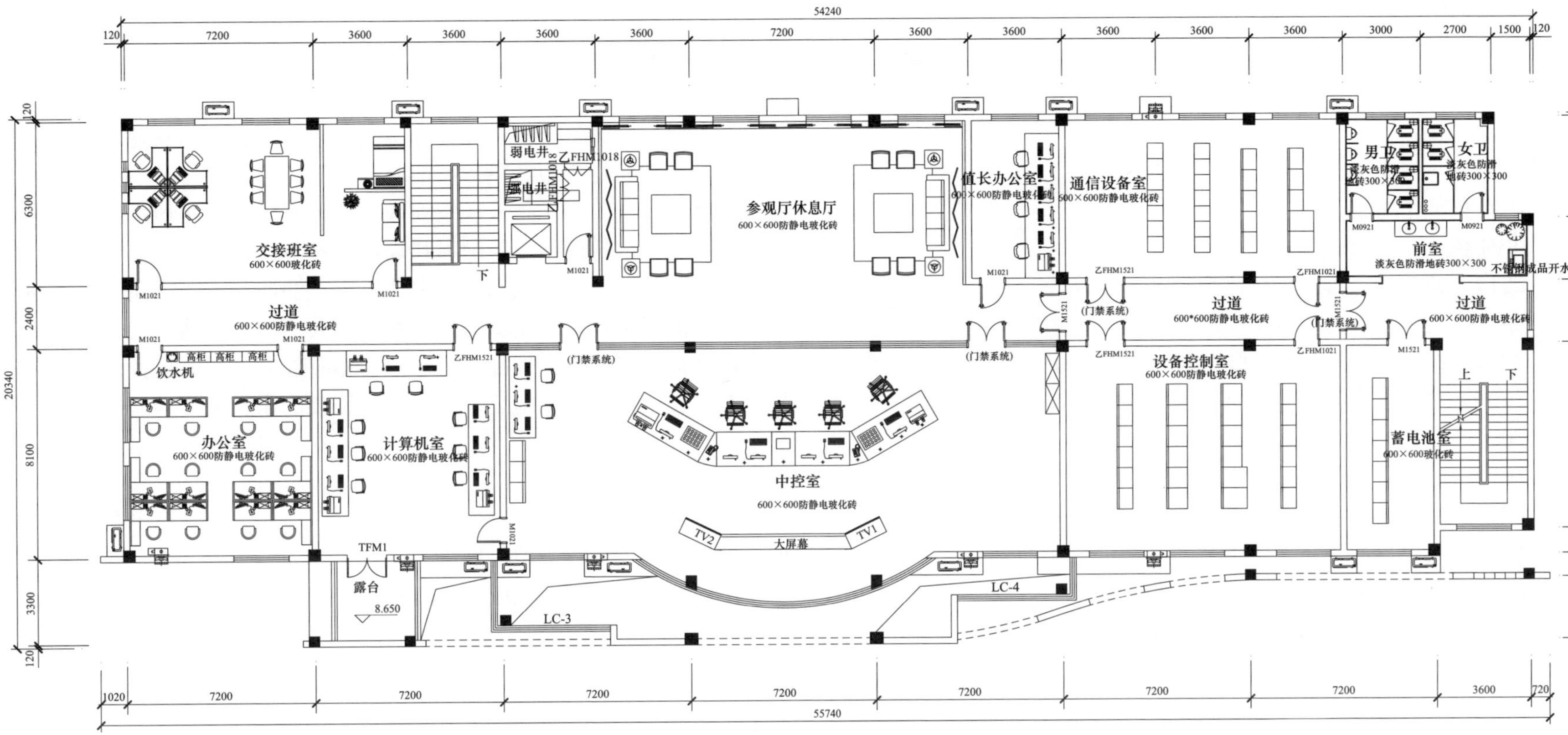

图 3-27　设备室平面布置图

3. 材料选型

设备室常用材料规格参数见表 3-14。

表 3-14　　设备室常用材料规格参数

部位	材料	规格或特性	厚度（mm）
地面	玻化砖（长×宽，mm×mm）	600×600、800×800	10、12
墙面	涂料	防潮防霉	—

续表

部位	材料	规格或特性	厚度（mm）
吊顶	铝管（长×宽，mm×mm）	40×60、60×60、60×80	0.6、0.8、1.0、1.2
门	防火门	成品防火门	60、70
窗台板	大理石	尺寸可定制	20、25

第4章　生　活　区

4.1　设计依据

装修设计必须依据现有国家规范、行业标准，以及国网新源公司内部文件。但不限于下述内容。

GB 50015—2019　建筑给水排水设计规范

GB 50016—2014　建筑设计防火规范

GB 50084—2001（2005年版）　自动喷水灭火系统设计规范

GB 50140—2005　建筑灭火器配置设计规范

GB 50189—2005　公共建筑节能设计标准

GB 50222—2014　建筑内部装修设计防火规范

GB 50325—2010　民用建筑工程室内环境污染控制规范

GB 50352　民用建筑设计通则

GB 50354—2005　建筑内部装修防火施工及验收规范

GB 50974—2014　消防给水及消火栓系统技术规范

DL/T 5113.1—2005　土建工程质量评定标准

JGJ 67—2006　办公建筑设计规范

DGJ 08-94—2001　民用建筑水灭火系统设计规程

建筑装修工程施工质量验收标准规范（2018版）

4.2　设计范围及要求

1. 设计范围

主要建筑包括食堂、公寓、接待中心、文体中心、门卫。

2. 设计要求

遵循国家电网有限公司“资源节约型、环境友好型、工业化”变电站建设的原则进行。在满足《抽水蓄能电站工程生产生活设施装修设计导则》的基础上，对建筑空间进行合理布置及划分。同时结合相关的工程案例，对现有工程设计进行标准化和规范化。新建常规水电工程项目、生产单位小型基建项目可参照执行。

食堂：考虑建设期跟建设后运营期就餐人数，根据高峰值用餐人数和低峰值用餐人数，有效、合理布置餐厅空间。根据用餐习惯整理取餐流水线。用材以易清洁打理面材为主。整体简洁明亮。

公寓及接待中心：将人居空间和谐多角度、深层次地融入环境中，满足生活必需功能。尽量使用温馨的材料表达设计理念。

文体中心及门卫：在满足基本功能需求的前提下，需充分考虑环境对人的行为产生的影响，宜采用适当的色彩调动人的潜在情绪。

设计标准应控制在批准的可研概算相应部分计列的投资总额之内。抽水蓄能电站工程生产生活设施装修工程还应符合国家相关标准的规定。

4.3　设计框架

生活用房装修设计，以建筑设计的空间尺寸为基础，主要内容包括设计要求、设计方案、材料选型三部分。

重要部位根据不同地域生活习惯及设计风格，形成方案一、方案二。在具体的工程设计中，应综合考虑各方面的因素，在使用时应与现有国家标准、行业标准相关内容配套使用。

4.4　食堂

1. 设计范围

食堂主要包括前厅、餐厅、包厢、多功能厅、厨房、更衣室。

2. 设计要求

设计满足员工基本就餐问题。根据峰值用餐情况及就餐习惯，有效、合理布置餐厅空间。地面采用防滑材料，墙面采用防油烟材料。灯具需光照均匀，设紫外线消毒灯。

4.4.1　前厅

1. 设计要求

前厅延续办公楼整体风格，增加局部细节，使空间氛围轻松，用材易简洁明亮，需设雨具置放区，门口处需设防滑防泥沙控尘地垫。整体符合抽水蓄能电站简约、稳重美观的原则。

2. 设计案例

食堂前厅通用型效果图如图 4-1 所示。

图 4-1 食堂前厅通用型效果图

通用型方案：门厅延续办公楼大厅的设计元素，加入适当细节使空间较办公楼更显轻松。地面采用 800mm×800mm 米黄色和 200mm×800mm 灰色玻化砖拼接。墙面采用 600mm×1200mm 灰色仿木纹陶瓷薄板。栏杆为 20.76mm 夹胶玻璃。吊顶为 1.0mm 铝单板，增加部分软膜吊顶。门口处设防滑防泥沙控尘地垫。

3. 材料选型

食堂前厅常用材料规格参数见表 4-1。

表 4-1 食堂前厅常用材料规格参数

部位	材料	规格或特性	厚度（mm）
地面	地砖（长×宽，mm×mm）	600×600、800×800	10、12
墙面	陶瓷薄板（长×宽，mm×mm）	1200×600、800×800	5、6

续表

部位	材料	规格或特性	厚度（mm）
吊顶	铝单板（长×宽，mm×mm）	1200×600、1200×300、900×600	1.0、1.2
吊顶	软膜	1.5m	0.18
门	防火门	成品防火门	60、70
窗台板	大理石	尺寸可定制	20、25

4.4.2 餐厅

1. 设计要求

餐厅设计需延续电站整体设计风格，增加适当细节，打造轻松氛围的就餐空间。布置空间时需考虑就餐人员的取餐、就餐、回收餐具交通流线，需做到合理分流，避免人员阻塞。材料选用耐脏耐油污易清理材料。

2. 设计案例

设计方案一：餐厅设计采用流线型设计手法，利用线条排序方式分解大空间，组合成区域空间。地面采用灰白色地砖相间使整体视觉相对平稳。地面采用 100mm×800mm 灰色玻化砖和 800mm×800mm 淡灰色玻化砖拼接。墙面采用 600mm×1200mm 米黄色陶瓷薄板或 600mm×900mm 色墙砖。吊顶为 1.0mm 铝单板。效果图（方案一）如图 4-2 所示。

图 4-2 餐厅效果图（方案一）

设计方案二：餐厅设计整体明亮简洁易清洁。吊顶采用石膏板和饰面板结合的手法，并利用部分灯槽虚实结合手法，使空间整体产生延续性。地面采用800mm×800mm白色防滑地砖。墙面采用600mm×1200mm米黄色陶瓷薄板或600mm×900mm米色墙砖。吊顶为1.0mm铝单板。效果图（方案二）如图4-3所示。

图4-3　餐厅效果图（方案二）

3. 材料选型

餐厅常用材料规程参数见表4-2。

表4-2　　餐厅常用材料规格参数

部位	材料	规格或特性	厚度（mm）
地面	地砖（长×宽，mm×mm）	600×600、800×800	10、12、15
墙面	陶瓷薄板（长×宽，mm×mm）	1200×600、800×800	5、6
吊顶	铝单板（长×宽，mm×mm）	1200×600、1200×300、900×600	1.0、1.2
吊顶	石膏板（长×宽，mm×mm）	2400×1200、3000×1200	9.5、12
门	防火门	成品防火门	60、70
窗台板	大理石	尺寸可定制	20、25

4.4.3　包厢

1. 设计要求

包厢作为接待对外窗口，可做适当装饰提升就餐氛围，但仍需遵循简洁大气原则。布置空间时需考虑就餐氛围，满足基本送餐、置菜需求，也可考虑部分电子设备使用需求。饰面材料选用需考虑易清洁材料。根据需求可设置内部卫生间。

2. 设计案例

设计方案一：包厢设计以10～15人为标准，利用材料的色彩、纹理和灯光的结合，营造就餐的良好环境，整体设计简约、温馨。空间布置设有餐桌、休息区、卫生间、送菜区。地面采用实木复合地板或地砖。墙面采用墙布和饰面板相结合。吊顶为12mm纸面石膏板。效果图（方案一）如图4-4所示。

图4-4　包厢效果图（方案一）

设计方案二：包厢设计以10～15人为标准，通过对空间的有效划分，利用装饰材料的特性及色彩，营造良好的就餐环境，整体设计浪漫温馨。空间布置设有餐桌、休息区、卫生间、送菜区。地面采用实木复合地板或地砖。墙面采用墙布和饰面板相结合。吊顶为 12mm 纸面石膏板。效果图（方案二）如图 4-5 所示。

图 4-5　包厢效果图（方案二）

3. 材料选型

包厢常用材料规格参数见表 4-3。

表 4-3　包厢常用材料规格参数

部位	材料	规格或特性	厚度（mm）
地面	实木复合地板（长×宽，mm×mm）	812×173、816×156	10、12、15
墙面	墙布（长×宽，mm×mm）	2800×5000	—
吊顶	石膏板（长×宽，mm×mm）	2400×1200、3000×1200	9.5、12
门	防火门	成品防火门	60、70
窗台板	大理石	尺寸可定制	20、25

4.4.4　多功能厅

1. 设计要求

整体设计风格简洁明亮，考虑多种功能使用场景，设计应同时满足宴会、娱乐、会议等多种使用需求。并设有舞台、主背景、电子屏幕、设备间。墙面和地面需考虑部分吸音材料，内部空间避免设柱子。

2. 设计案例

设计方案一：主体色调以暖色为主，简洁大方。墙面采用浅色木纹吸音板，主背景设置 LED 电子显示屏，主席台复合地板地面，其余为 800mm×800mm 黄色玻化砖拼接，吊顶为 12mm 纸面石膏板。效果图（方案一）如图 4-6 所示。

设计方案二：设计整体简洁大方。利用原坡顶结构空间，并且通过吊顶的二次递进手法，营造凸位空间，能够使上部空间得到伸展。墙面采用米黄色墙布饰面，主背景设置升降式投影幕、木纹吸音板，主席台采用复合地板地面，其余地面采用 800mm×800mm 黄色玻化砖拼接，吊顶为 12mm 纸面石膏板。效果图（方案二）如图 4-7 所示。

图 4-6　多功能厅效果图（方案一）

图 4-7　多功能厅效果图（方案二）

3. 材料选型

多功能厅常用材料规格参数见表 4-4。

表 4-4　　多功能厅常用材料规格参数

部位	材料	规格或特性	厚度（mm）
地面	实木复合地板（长×宽，mm×mm）	812×173、816×156	15、18
地面	地砖（长×宽，mm×mm）	800×800、1000×1000	10、12、15
墙面	墙布（长×宽，mm×mm）	920×5000、900×2000、	—
墙面	木饰面板（长×宽，mm×mm）	2440×1220、2000×1220	1.2、1.5、1.8
吊顶	石膏板（长×宽，mm×mm）	2400×1200、3000×1200	9.5、12
门	防火门	成品防火门	60、70
窗台板	大理石	尺寸可定制	20、25

4.4.5　厨房

1. 设计要求

厨房设计首先应满足相关国家消防规范要求，其次人流、货流合理布置，厨房设备部分须由专业厂家设计。同时应设有厨房工作人员专用更衣室、卫生淋浴区。因厨房油烟油污难以清理，在选材方面应首选易于清理的材料。并考虑防鼠疫、防蚊虫设备。

2. 设计案例

通用型方案：整体设计风格简洁大方。以满足使用为主，墙面采用300mm×600mm 白色玻化砖，地面采用 300mm×300mm 防滑砖，顶面采用600mm×600mm 集成铝扣板。并设有紫外线消毒灯，地沟盖板采用不锈钢盖板，并设防鼠疫、防蚊虫设备。厨房平面布置如图 4-8 所示。

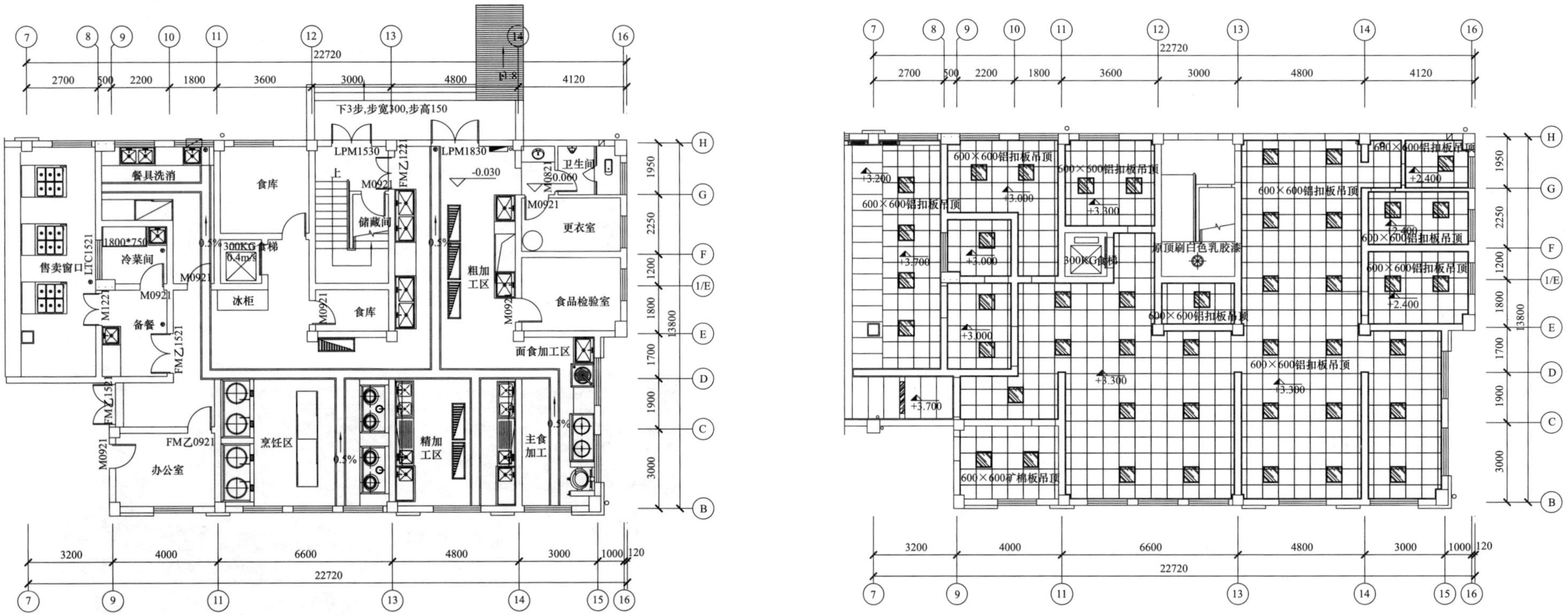

图 4-8　厨房平面布置图

3. 材料选型

厨房常用材料规格参数见表 4-5。

表 4-5　厨房常用材料规格参数

部位	材料	规格或特性	厚度（mm）
地面	地砖（防滑）（长×宽，mm×mm）	600×600、300×300	18、20
墙面	面砖（长×宽，mm×mm）	300×600、600×600	10、12、15
吊顶	铝扣板（长×宽，mm×mm）	600×600、600×900、600×1200	6、8、10
门	防火门	成品防火门	60、70
窗台板	大理石	尺寸可定制	20、25

4.4.6　更衣室

1. 设计要求

更衣柜储藏需满足厨房、餐厅工作人员人数要求，易采用不锈钢铁皮柜。墙面、地面宜采用面砖，易于清洁。如有条件可布置单人卫生间，便于员工清洗更衣。

2. 设计案例

通用型方案：设计易简洁大方。墙面采用面砖 600mm×300mm，地面采用 600mm×300mm 防滑砖，顶面采用 300mm×600mm 集成铝扣板。卫生间隔板采用 1.5mm 厚耐火板。衣柜采用不锈钢铁皮柜。平面布置图如图 4-9 所示。

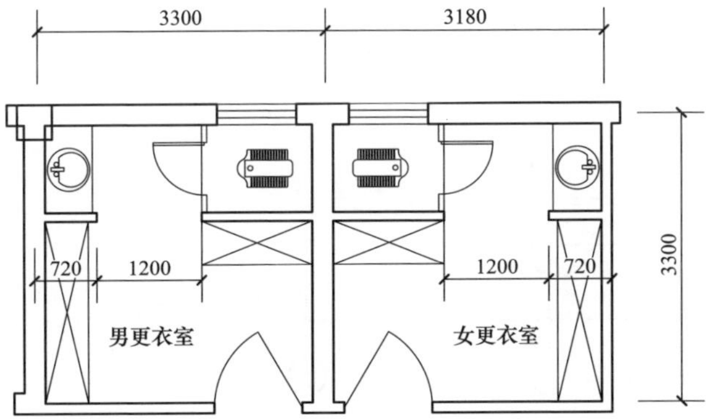

图 4-9　更衣室平面布置图

3. 材料选型

更衣室常用材料规格参数见表 4-6。

表 4-6　更衣室常用材料规格参数

部位	材料	规格或特性	厚度（mm）
地面	地砖（长×宽，mm×mm）	300×300、600×600、300×600	10、12
墙面	面砖（长×宽，mm×mm）	300×300、600×600、300×600	10、12
吊顶	铝扣板（长×宽，mm×mm）	600×600、300×600	6、8、10
窗台板	大理石	尺寸可定制	20、25

4.5　公寓

1. 设计范围

公寓主要包括过厅、过道、客厅、卧室、厨房、卫生间。

2. 设计要求

根据不同面积的公寓户型，合理布置有效空间，满足使用者的日常生活功能。整体设计易简洁大方，用材明亮。使用绿色建材，创造零污染环境空间。

4.5.1　过厅

1. 设计要求

过厅设计以简洁为主，局部细节设计可增进空间轻松氛围，需设计简易前台问询，需设楼层导视平面图及休息处。整体色调需明亮大方。

2. 设计案例

通用设计方案：整体明亮简洁。进门处左侧设有前台接待，右侧墙体上为楼层导视图。地面采用 600mm×600mm 玻化砖，墙面采用 300mm×600mm 玻化砖，顶面采用 12mm 纸面石膏板白色乳胶漆。平面布置图如图 4-10 所示。

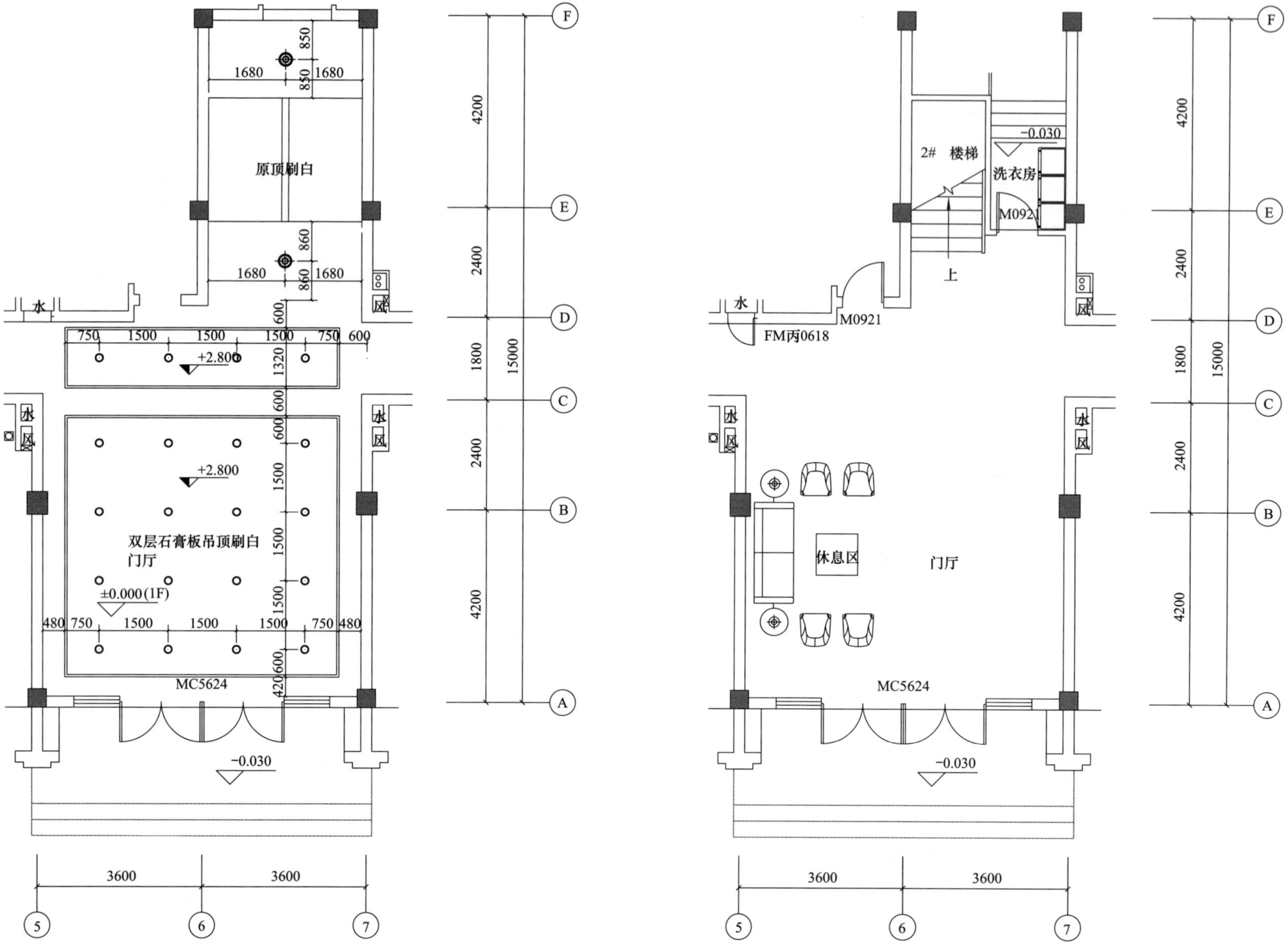

图 4-10 公寓过厅平面布置图

3. 材料选型

公寓过厅常用材料规格参数见表 4-7。

表 4-7　　公寓过厅常用材料规格参数

部位	材料	规格或特性	厚度（mm）
地面	地砖（长×宽，mm×mm）	600×600、800×800	10、12、15
墙面	面砖（长×宽，mm×mm）	300×600、600×600	10、12、15
吊顶	石膏板（长×宽，mm×mm）	2400×1200、3000×1200	9.5、12、15
门	防火门	成品防火门	60、70
窗台板	大理石	尺寸可定制	20、25

4.5.2 客厅

1. 设计要求

员工宿舍要求简洁温馨，功能布置合理。以考虑人体舒适感为主，地面宜采用实木复合地板或地砖，客厅吊顶简约为主，厨房、卫生吊顶采用易清洁材料。厨柜、衣柜、台盆柜采用成品定制。

2. 设计案例

设计方案一：以冷色调为主，整体风格典雅温馨。顶棚采用纸面石膏板局部吊顶，结合 LED 平板灯。使空间更加立体。地面采用 600mm×600mm 仿石玻化砖，墙面采用墙布饰面或弹性机理涂料，顶面采用 12mm 纸面石膏板白色乳胶漆。效果图（方案一）如图 4-11 所示。

设计方案二：以暖色调为主，整体风格典雅温馨。顶棚采用纸面石膏板吊顶，结合 LED 平板灯。地面采用 600mm×600mm 米白色玻化砖，墙面采用墙布、饰面板和石材饰面，顶面采用 12mm 纸面石膏板白色乳胶漆结合部分灯带。效果图（方案二）如图 4-12 所示。

3. 材料选型

公寓客厅常用材料规格参数见表 4-8。

图 4-11　公寓客厅效果图（方案一）

图 4-12　公寓客厅效果图（方案二）

表 4-8　　公寓客厅常用材料规格参数

部位	材料	规格或特性	厚度（mm）
地面	地砖（长×宽，mm×mm）	600×600、800×800	15、18、20
墙面	墙布（长×宽，mm×mm）	2800×5000	—
吊顶	石膏板（长×宽，mm×mm）	2400×1200、3000×1200	9.5、12、15
窗台板	大理石	尺寸可定制	20、25

4.5.3　卧室

1. 设计要求

员工宿舍要求简洁温馨，常用功能设置齐全，装饰用材需环保节能。吊顶最高处层高不易低于 2.6m。墙体以乳胶漆和墙布为主。地面宜用实木复合地板，衣柜易采用成品厂家定制。

2. 设计案例

设计方案一：以冷色调为主，整体风格典雅温馨。设计通过对墙面的线条分割和顶棚的局部吊顶，形成雅致温馨的家庭氛围。地面采用实木复合地板，墙面采用有机涂料，顶面采用 12mm 纸面石膏板白色乳胶漆。效果图（方案一）如图 4-13 所示。

图 4-13　公寓卧室效果图（方案一）

设计方案二：以暖色调为主，整体风格典雅温馨。顶棚采用二级吊顶，墙面以涂料或墙布为主，形成温馨的居室氛围。地面采用实木复合地板，墙面采用墙布饰面，顶面采用 12mm 纸面石膏板白色乳胶漆。效果图（方案二）如图 4-14 所示。

图 4-14　公寓卧室效果图（方案二）

3. 材料选型

公寓卧室常用材料规格参数见表 4-9。

表 4-9　　公寓卧室常用材料规格参数

部位	材料	规格或特性	厚度（mm）
地面	复合地板（长×宽，mm×mm）	812×173、816×156	15、18
墙面	墙布	2800×5000	—
吊顶	石膏板（长×宽，mm×mm）	2400×1200、3000×1200	9.5、12、15
窗台板	大理石	尺寸可定制	20、25

4.5.4 厨房

1. 设计要求

厨房设计首先应满足日常生活功能所需，需设有烹饪区、洗菜区、切菜区。烹饪形式宜采用电磁炉或燃气，洗菜区宜采用单不锈钢台盆，台面宜采用人造石材台面。需考虑基本家电置放位置。橱柜设备由专业厂家定制。因厨房油烟油污难以清理，在选材方面应首选易于清理的材料。

2. 设计案例

通用型方案：整体设计风格明亮清爽。橱柜由专业厂家定制安装。可根据合理布置进行功能分区，地面采用 600mm×600mm 米黄色玻化砖，墙面采用 300mm×600mm 米黄色玻化砖，顶面采用 300mm×300mm 集成铝扣板吊顶。效果图如图 4-15 所示。

图 4-15　公寓厨房效果图

3. 材料选型

公寓厨房常用材料规格参数见表 4-10。

表 4-10　公寓厨房常用材料规格参数

部位	材料	规格或特性	厚度（mm）
地面	地砖（长×宽，mm×mm）	300×600、300×300	10、12
墙面	瓷砖（长×宽，mm×mm）	300×600、600×600	10、12
吊顶	集成铝扣板（长×宽，mm×mm）	600×600、300×600、300×300	0.6、0.8、1.0、1.2
窗台板	大理石	尺寸可定制	20、25

4.5.5　卫生间

1. 设计要求

设计整体需明亮清爽。满足日常所需生活功能。材料应用易简单、大方，墙面用材便于清洗，地面如有条件需干湿分区，淋浴区需考虑排水和防滑。不易采用成品淋浴房。不锈钢五金件宜采用 304 不锈钢或合成钢。吊顶需考虑防潮防水材料，台盆不易采用台上盆，台盆区需设独立照明。台面石材宜选择吸水率较低石材。

2. 设计案例

通用型方案：设计以暖色调为主，整体风格简洁清爽。地面采用 300mm×300mm 米黄色玻化砖，淋浴区需设独立挡水条，淋浴区地面设独立排水系统，墙面采用 300mm×600mm 米黄色玻化砖，顶面采用 300mm×300mm 集成铝扣板吊顶。台盆、马桶区设有独立照明。五金件采用 340 不锈钢。效果图（方案）如图 4-16 所示。

3. 材料选型

公寓卫生间常用材料规格参数见表 4-11。

图 4-16　公寓卫生间效果图

表 4-11　公寓卫生间常用材料规格参数

部位	材料	规格或特性	厚度（mm）
地面	地砖（长×宽，mm×mm）	300×600、300×300	10、12
墙面	瓷砖（长×宽，mm×mm）	300×600、600×600	10、12
吊顶	集成铝扣板（长×宽，mm×mm）	600×600、300×600、300×300	0.6、0.8、1.0、1.2
窗台板	大理石	尺寸可定制	20、25

4.6　接待中心

1. 设计范围

接待中心主要包括门厅、过道、大床房、标准房、洗衣房、布草间。

2. 设计要求

基本按三星级酒店客房标准设计，用材简洁大方，易清洁。原则上地面采用实木复合地板，墙面以墙布或涂料为主。吊顶采用石膏板。照明需设有主次照明。

4.6.1　门厅

1. 设计要求

整体设计简洁大方，门厅需设有接待前台，如有条件需设有休息区，并设有企业标识语。吊顶需做简单处理，地面宜采用地砖地面，墙面宜采用石材或面砖。整体需符合水电站企业形象。

2. 设计案例

通用型方案：整体风格简约大气。进门厅处设有前台接待，并设有简易雨具寄存处。吊顶采用二级吊顶结合 LED 灯带，营造温馨入住氛围。地面采用 800mm×800mm 米黄色大理石，墙面采用 600mm×1200mm 米黄色陶瓷薄板，顶面采用 12mm 纸面石膏板。效果图如图 4-17 所示。

图 4-17　接待中心门厅效果图

3. 材料选型

接待中心门厅常用材料规格参数见表 4-12。

表 4-12　接待中心门厅常用材料规格参数

部位	材料	规格或特性	厚度（mm）
地面	地砖（长×宽，mm×mm）	600×600、800×800	10、12、15
墙面	陶瓷薄板（长×宽，mm×mm）	1200×600、900×600	5、6
吊顶	石膏板（长×宽，mm×mm）	2400×1200、3000×1200	9.5、12、15
吊顶	软膜	1.5m	0.18
窗台板	大理石	尺寸可定制	20、25

4.6.2 过道

1. 设计要求

整体设计要求简洁大气。每层过道电梯口或楼梯口需设置楼层导视图及疏散导视图，如是单侧走廊需设窗帘，过道需吊顶。地面宜采用地砖，墙面可才有有机乳胶漆或墙布。

2. 设计案例

通用型方案：设计以暖色调为主，整体风格简约大方。墙顶地通过色系和简单的线条处理，对相对狭长的空间产生灵动感。地面采用 800mm×800mm（600mm×600mm）米白色玻化砖，墙面采用墙布或有机乳胶漆饰面，顶面采用 12mm 纸面石膏板。效果图如图 4-18 所示。

图 4-18 接待中心过道效果图

3. 材料选型

接待中心过道常用材料规格参数见表 4-13。

表 4-13 接待中心过道常用材料规格参数

部位	材料	规格或特性	厚度（mm）
地面	地砖（长×宽，mm×mm）	600×600、800×800	10、12
墙面	墙布（长×宽，mm×mm）	2800×5000	—
吊顶	石膏板（长×宽，mm×mm）	2400×1200、3000×1200	9.5、12、15
窗台板	大理石	尺寸可定制	20、25

4.6.3 大床房

1. 设计要求

满足基本入住日常所需，需设有网络、电视、电话、储物柜、衣柜、书桌等。墙面宜采用机理乳胶漆或墙布。顶棚可局部吊顶。如有条件可设置晾衣功能。

2. 设计案例

通用设计方案：设计以暖色调为主，整体风格简约大方。顶面采用局部吊顶和 LED 灯带结合，营造温馨入住环境。地面采用实木复合地板，墙面采用墙布或米色乳胶漆，顶面采用 12mm 纸面石膏板。效果图如图 4-19 所示。

图 4-19 大床房效果图

3. 材料选型

大床房常用材料规格参数见表 4-14。

表 4-14 大床房常用材料规格参数

部位	材料	规格或特性	厚度（mm）
地面	实木复合地板（长×宽，mm×mm）	812×173、816×156	15、18
墙面	涂料（长×宽，mm×mm）	防潮防霉	—
吊顶	石膏板（长×宽，mm×mm）	2400×1200、3000×1200	9.5、12、15
窗台板	大理石	尺寸可定制	20、25

4.6.4 标准房

1. 设计要求

满足基本入住日常所需，需设有网络、电视、电话、储物柜、衣柜、书桌等。墙面宜采用机理乳胶漆或墙布。顶棚可局部吊顶。如有条件可设置晾衣功能。

2. 设计案例

通用型方案：设计以暖色调为主，整体风格简约大方。顶面采用局部吊顶和 LED 灯带结合，营造温馨入住环境。地面采用实木复合地板，墙面采用墙布或米色乳胶漆，顶面采用 12mm 纸面石膏板。效果图如图 4-20 所示。

图 4-20 标准房效果图

3. 材料选型

标准房常用材料规格参数见表 4-15。

表 4-15 标准房常用材料规格参数

部位	材料	规格或特性	厚度（mm）
地面	地砖（长×宽，mm×mm）	600×600、800×800	10、12
墙面	涂料	防潮防霉	—
吊顶	石膏板（长×宽，mm×mm）	2400×1200、3000×1200	9.5、12、15
窗台板	大理石	尺寸可定制	20、25

4.6.5 套房

1. 设计要求

满足基本入住日常所需，需设有网络、电视、电话、储物柜、衣柜、书桌等功能。墙面宜采用机理乳胶漆或墙布。顶棚可局部吊顶。如有条件可设置晾衣功能。在空间布置上卧室和会客室直接可以有效沟通，但互不干扰。卧室床位需 1.8m×2.0m，会客室需设沙发会晤区，并设书桌。

2. 设计案例

通用设计方案：设计以暖色调为主，整体风格简约大方。顶面采用局部吊顶和 LED 灯带结合，并利用射灯的点式光源营造氛围环境。地面采用实木复合地板，墙面采用墙布或米色乳胶漆，顶面采用 12mm 纸面石膏板。效果图（方案）如图 4-21 所示。

图 4-21 套房效果图

3. 材料选型

套房常用材料规格参数见表 4-16。

表 4-16　套房常用材料规格参数

部位	材料	规格或特性	厚度（mm）
地面	实木复合地板（长×宽，mm×mm）	812×173、816×156	15、18
墙面	墙布	2800×5000	—
吊顶	石膏板（长×宽，mm×mm）	2400×1200、3000×1200	9.5、12、15
窗台板	大理石	尺寸可定制	20、25

4.6.6　布草间、洗衣房

1. 设计要求

洗衣房根据功能要求，需设置洗衣区，放置洗衣机设备、烘干机设备区。地面需防滑整洁，墙面宜采用面砖，顶面可根据需要适当吊顶。布草间根据需要墙、地面同洗衣房，门槛出无高差，方便推车使用。

2. 设计案例

通用型方案：整体风格简约大气。地面采用 600mm×600mm 米白色玻化砖，墙面采用 300mm×600mm 米白色玻化砖，顶面采用 12mm 纸面石膏板或 600mm×600mm 集成铝扣板。平面布置如图 4-22 所示。

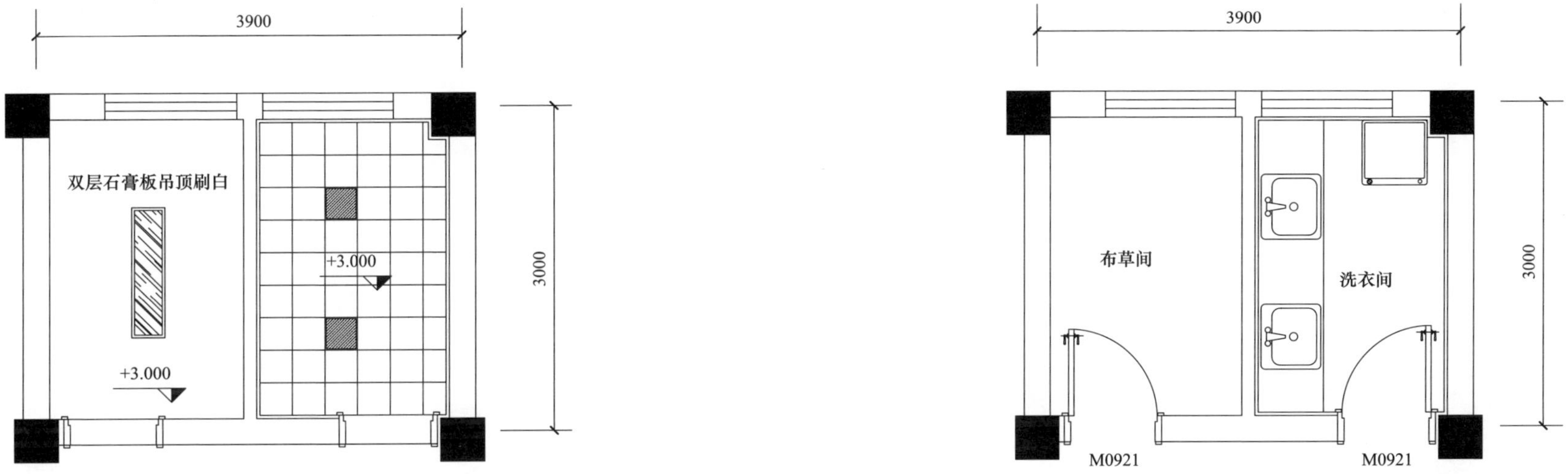

图 4-22　布草间、洗衣房平面布置图

3. 材料选型

布草间、洗衣房常用材料规格参数见表 4-17。

表 4-17　　布草间、洗衣房常用材料规格参数

部位	材料	规格或特性	厚度（mm）
地面	地砖（长×宽，mm×mm）	600×600、800×800	10、12
墙面	面砖（长×宽，mm×mm）	600×600、300×600	10、12
吊顶	石膏板（长×宽，mm×mm）	2400×1200、3000×1200	9.5、12、15
窗台板	大理石	尺寸可定制	20、25

4.7　文体中心

1. 设计范围

接待中心主要包括门厅、健身房、更衣区、室内篮球场等功能区。

2. 设计要求

以满足室内活动功能为主。采用简洁透气装饰型材来表现。健身房在设计过程中，要充分考虑室内器材类型及用电量。必要的时候墙面需采用吸音装饰用材。整体设计易流畅、通透，不易采用过暗材料。

4.7.1　门厅

1. 设计要求

整体设计简洁大方，门厅需设有简易接待前台，如有条件需设有休息区。吊顶需做简单处理，地面宜采用地砖地面，墙面宜采用石材或面砖。整体需符合水电站企业形象。原则上参考接待中心门厅。

2. 设计案例

通用型方案：整体风格简约大气。进门厅处设有简易前台接待，并设有简易雨具寄存处。地面采用 800mm×800mm 米黄色大理石，墙面采用 600mm×1200mm 米黄色陶瓷薄板，顶面采用 12mm 纸面石膏板。门厅平面布置如图 4-23 所示。

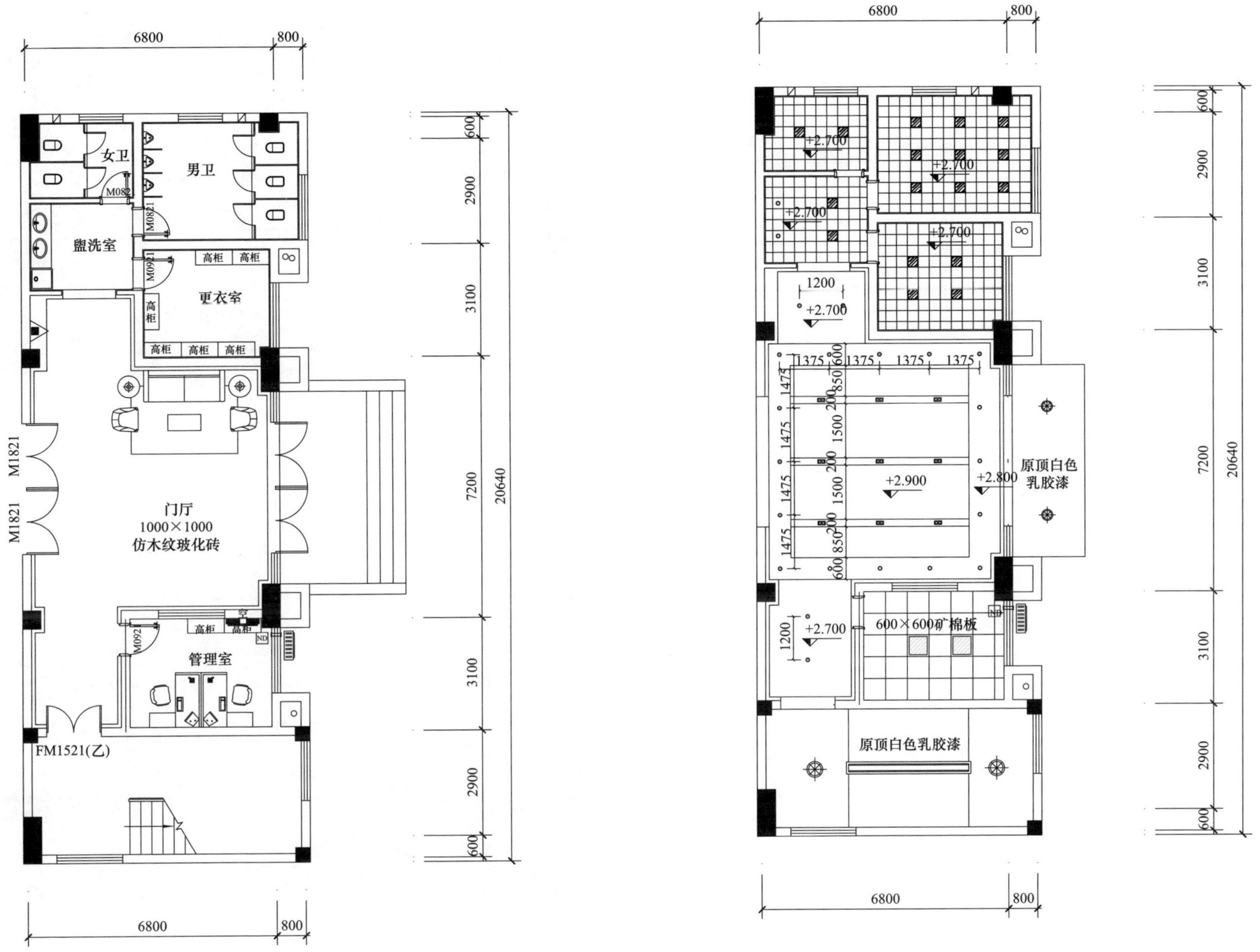

图 4-23　门厅平面布置图

3. 材料选型

文体中心门厅常用材料规格参数见表 4-18。

表 4-18　　文体中心门厅常用材料规格参数

部位	材料	规格或特性	厚度（mm）
地面	地砖（长×宽，mm×mm）	1000×1000、800×800	10、12
墙面	陶瓷薄板（长×宽，mm×mm）	900×600、1200×600	5、6
吊顶	石膏板（长×宽，mm×mm）	2400×1200、3000×1200	9.5、12、15
窗台板	大理石	尺寸可定制	20、25

4.7.2 健身房

1. 设计要求

整体要求简洁透气，常用功能设置齐全，地面材料选用需耐用、易清洁。墙体宜采用涂料。设计时需考虑健身器材布置合理性，及插座布置形式，需动静分区，并考虑休息处。顶面可做适当吊顶，照明需均匀明亮。

2. 设计案例

设计方案一：整体风格简约时尚。功能动静分区，设有台球区、乒乓球区、健身器材区、休息区。地面采用 PVC 运动地胶板，墙面采用浅灰色乳胶漆，顶面采用 12mm 纸面石膏板，增加部分软膜吊顶。效果图（方案一）如图 4-24 所示。

设计方案二：整体风格简约时尚。设计采用流行性设计，通过地面材料直接对健身器材类型进行分类，设有台球区、乒乓球区、健身器材区、休息区。地面采用 PVC 运动地胶板和实木复合地板相结合，墙面采用浅灰色乳胶漆和面砖相结合，顶面采用 12mm 纸面石膏板和铝管格栅相结合。效果图（方案二）如图 4-25 所示。

3. 材料选型

健身房常用材料规格参数见表 4-19。

图 4-24　健身房效果图（方案一）

图 4-25　健身房效果图（方案二）

表 4-19　　健身房常用材料规格参数

部位	材料	规格或特性	厚度（mm）
地面	PVC运动地板	1500	3
地面	实木复合地板（长×宽，mm×mm）	812×173、816×156	15、18
墙面	乳胶漆	防潮防霉	—
墙面	墙布（长×宽，mm×mm）	2800×5000	—
吊顶	石膏板（长×宽，mm×mm）	2400×1200、3000×1200	9.5、12、15
吊顶	铝管（长×宽，mm×mm）	40×60、60×60、60×80	0.6、0.8、1.0、1.2
窗台板	大理石	尺寸可定制	20、25

4.7.3　更衣区

1. 设计要求

要求简洁大方，常用功能设置齐全，需设有蹲位、淋浴区、更衣区。可三者结合，男女分区设置，可共用前室。整体墙面宜采用面砖，地面宜采用地砖。吊顶简单处理，照明均匀明亮。

2. 设计案例

通用设计方案：整体简洁大方。地面采用 600mm×600mm 米白色玻化砖，墙面采用 300mm×600mm 白色面砖，顶面采用 12mm 纸面石膏板或集成铝扣板。更衣区平面布置如图 4-23 所示。

3. 材料选型

更衣室常用材料规格参数见表 4-20。

表 4-20　　更衣室常用材料规格参数

部位	材料	规格或特性	厚度（mm）
地面	地砖（长×宽，mm×mm）	600×600、800×800	10、12
墙面	面砖（长×宽，mm×mm）	300×600、600×600	10、12
吊顶	石膏板（长×宽，mm×mm）	2400×1200、3000×1200	9.5、12、15
窗台板	大理石	尺寸可定制	20、25

4.7.4　室内篮球场

1. 设计要求

整体要求简洁透气，常用功能设置齐全，地面材料选用需耐用、易清洁。墙体宜采用涂料。设计时需考虑运动磨损度，地面用材易静音、耐磨。并考虑设置休息处。照明需均匀明亮。

2. 设计案例

通用设计方案：以暖色调为主，整体风格简约大方。地面采用 PVC 运动地胶板，墙面 1.8m 以下采用吸音板饰面墙裙，其余墙面米黄色乳胶漆，顶面采用原顶涂料喷黑处理。灯具宜采用小棚灯或工矿灯。室内篮球场效果图如图 4-26 所示。

图 4-26　室内篮球场效果图

3. 材料选型

室内篮球场常用材料规格参数见表 4-21。

表 4-21　　室内篮球场常用材料规格参数

部位	材料	规格或特性	厚度（mm）
地面	PVC运动地板（mm）	1500	3
墙面	乳胶漆	防潮防霉	—
墙面	木质饰面板（长×宽，mm×mm）	2440×1220、2000×1220	1.2、1.5、1.8
吊顶	乳胶漆	防潮防霉	—
窗台板	大理石	尺寸可定制	20、25

4.8 门卫室

1. 设计要求

满足安保人员日常工作所需，根据需要可设置报警系统、联动系统等。整体设计简洁大方，地面宜采用地砖，墙面宜采用涂料。吊顶简单处理。可根据需要适当增设休息区和卫生间。

2. 设计案例

通用型方案：整体风格简约大气。地面采用600mm×600mm米白色玻化砖，墙面采用白色乳胶漆，顶面采用12mm纸面石膏板。平面布置如图4-27所示。

3. 材料选型

门卫室常用材料规格参数见表4-22。

表4-22　门卫室常用材料规格参数

部位	材料	规格或特性	厚度（mm）
地面	地砖（长×宽，mm×mm）	600×600、800×800	10.12
墙面	乳胶漆	防潮防霉	—
吊顶	石膏板（长×宽，mm×mm）	2400×1200、3000×1200	9.5、12、15
窗台板	大理石	尺寸可定制	20、25

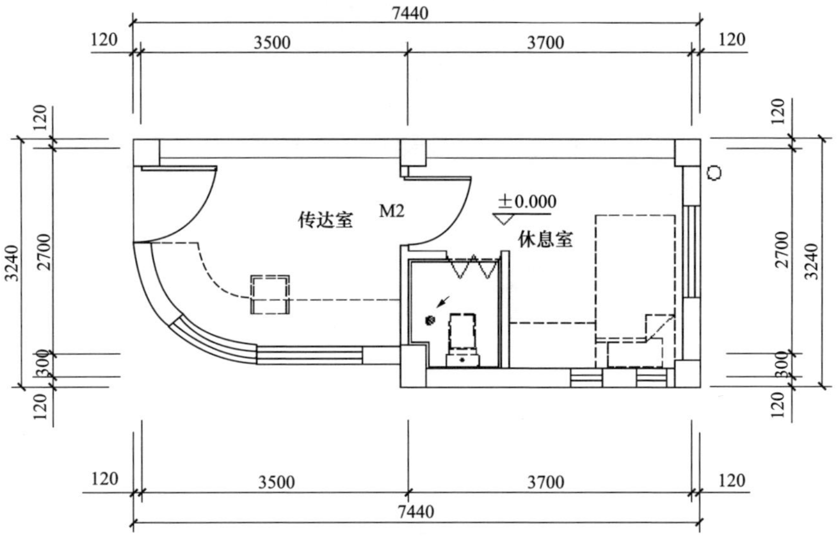

一层平面布置图 1:10

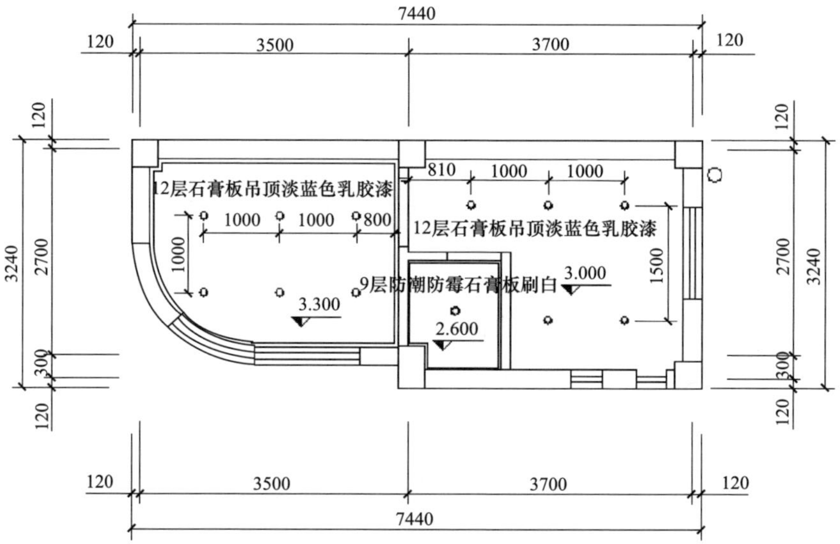

一层顶棚布置图 1:10

图4-27　门卫室平面布置图